Haifa El Hentati
Mohamed Ben Hamouda
Ali Chriki

Diversité génétique chez deux raves ovines (Ovis Aries) en Tunisie

Haifa El Hentati
Mohamed Ben Hamouda
Ali Chriki

Diversité génétique chez deux raves ovines (Ovis Aries) en Tunisie

Utilisation de la technique de l'amplification aléatoire de l'ADN polymorphe (RAPD)

Presses Académiques Francophones

Impressum / Mentions légales
Bibliografische Information der Deutschen Nationalbibliothek: Die Deutsche Nationalbibliothek verzeichnet diese Publikation in der Deutschen Nationalbibliografie; detaillierte bibliografische Daten sind im Internet über http://dnb.d-nb.de abrufbar.
Alle in diesem Buch genannten Marken und Produktnamen unterliegen warenzeichen-, marken- oder patentrechtlichem Schutz bzw. sind Warenzeichen oder eingetragene Warenzeichen der jeweiligen Inhaber. Die Wiedergabe von Marken, Produktnamen, Gebrauchsnamen, Handelsnamen, Warenbezeichnungen u.s.w. in diesem Werk berechtigt auch ohne besondere Kennzeichnung nicht zu der Annahme, dass solche Namen im Sinne der Warenzeichen- und Markenschutzgesetzgebung als frei zu betrachten wären und daher von jedermann benutzt werden dürften.

Information bibliographique publiée par la Deutsche Nationalbibliothek: La Deutsche Nationalbibliothek inscrit cette publication à la Deutsche Nationalbibliografie; des données bibliographiques détaillées sont disponibles sur internet à l'adresse http://dnb.d-nb.de.
Toutes marques et noms de produits mentionnés dans ce livre demeurent sous la protection des marques, des marques déposées et des brevets, et sont des marques ou des marques déposées de leurs détenteurs respectifs. L'utilisation des marques, noms de produits, noms communs, noms commerciaux, descriptions de produits, etc, même sans qu'ils soient mentionnés de façon particulière dans ce livre ne signifie en aucune façon que ces noms peuvent être utilisés sans restriction à l'égard de la législation pour la protection des marques et des marques déposées et pourraient donc être utilisés par quiconque.

Coverbild / Photo de couverture: www.ingimage.com

Verlag / Editeur:
Presses Académiques Francophones
ist ein Imprint der / est une marque déposée de
AV Akademikerverlag GmbH & Co. KG
Heinrich-Böcking-Str. 6-8, 66121 Saarbrücken, Deutschland / Allemagne
Email: info@presses-academiques.com

Herstellung: siehe letzte Seite /
Impression: voir la dernière page
ISBN: 978-3-8381-7935-3

Liste des tableaux

Liste des figures

Table des matières

INTRODUCTION GÉNÉRALE

Le Mouton a été domestiqué vers le VIIIème millénaire av. J.C. au Proche-Orient, après le chien et la chèvre (Delort, 1984; Mason 1984; Moutou, 1998; Babo 2000; Dauzat 2000). Pour satisfaire les besoins alimentaires des humains, plusieurs pratiques visant l'amélioration de la production de viande, de lait et de laine ont été adoptées au cours des siècles. Pour améliorer les performances zootechniques des animaux d'élevage, les éleveurs font recours à deux pratiques: la sélection et les croisements.

La sélection consiste à choisir, dans une race donnée, les individus ayant des performances élevées pour les caractères économiques et à organiser la reproduction de manière à obtenir le maximum de descendants provenant des animaux choisis (Palian, 1966; Bonnes et al., 1991; Gabina, 1995). Le croisement est l'accouplement d'un mâle et d'une femelle de races différentes. Son but est l'augmentation de la productivité des troupeaux en exploitant les différences génétiques additives et non additives qui existent entre les races et en tirant profit de la complémentarité entre les races pour différents caractères (Boujenane, 2009).

Les critères du choix des géniteurs dépendent des caractères quantitatifs à améliorer. Chez les ovins, les caractères qui présentent un intérêt économique et qui constituent des objectifs potentiels de l'amélioration génétique sont les aptitudes bouchères et les qualités d'élevage (Bedhiaf-Romdhani, 2006; Ben Hamouda 2011).

L'amélioration des aptitudes bouchères consiste simplement à produire au moindre coût une viande de bonne qualité. Le principal critère de sélection est la croissance pondérale qui rend compte de l'évolution du poids corporel depuis la naissance jusqu'au stade adulte et qui influence directement le poids de la carcasse (Ménissier et al., 1992; Sellier, 1992). Un autre critère qui commence à prendre de l'importance ces dernières années, qui s'est exprimé avec l'évolution du goût des consommateurs, est la diminution de la quantité de gras (Ménissier et al., 1986; Sellier, 1992).

L'amélioration des qualités d'élevage consiste à accroître la résistance aux maladies parasitaires, la fertilité des mâles et des femelles, la prolificité, la viabilité et la longévité (Bonnes et al., 1991; Ben Hamouda, 2011).

Il est certain que la sélection et le croisement permettent un progrès génétique mais pourraient conduire à un appauvrissement de la variabilité génétique surtout s'ils sont pratiqués anarchiquement. En effet, en privilégiant la multiplication d'un nombre réduit d'animaux reproducteurs considérés productifs, au détriment d'autres, on restreint la réserve génétique chez ces animaux (Verrier et Rognon, 2000; Tapio et al., 2005).

9

Il est donc primordial de préserver la diversité génétique chez les animaux d'élevage pour qu'ils puissent s'adapter aux changements de l'environnement et mieux résister aux maladies. En effet, les espèces animales sont soumises aux conséquences des changements graduels du climat et à l'effet des périodes de stress climatiques qui ont pour effet de réduire la productivité dans les élevages. De plus, la consanguinité favorise l'expression de tares héréditaires.

Avec un effectif dépassant les quatre millions d'unités femelles, l'élevage des ovins en Tunisie assure un rôle important aussi bien à l'échelle de l'économie nationale que des exploitations agricoles (Mohamed-Brahmi et al., 2010). Près de 95% du cheptel national est constitué de la race Barbarine et de la race Queue Fine de l'Ouest (Rekik et al., 2005).

Les études antérieures qui se sont intéressées à l'amélioration génétique des ovins en Tunisie ont visé la quantification et la caractérisation génétique des caractères de croissance et de reproduction (Ben Hamouda, 1985; Djemali et al., 1994; Lassoued et Rekik, 2001; Lassoued et al., 2004). Cependant, la préservation de la diversité génétique doit être la principale considération dans la gestion des programmes d'élevage afin de sauvegarder la richesse génique nécessaire pour assurer les futurs besoins de production ovine du pays.

L'objectif de ce travail est d'étudier la diversité génétique chez les deux principales races ovines en Tunisie et de rechercher s'il existe une différenciation génétique entre les populations de trois étages bioclimatiques différents en relation avec une possible adaptation locale aux différents climats en utilisant la technique de l'amplification aléatoire de l'ADN polymorphe (RAPD) telle que décrite par Williams et al.(1990).

Nous rapporterons dans le premier chapitre de ce travail une présentation de l'espèce Ovis aries (Linnaeus, 1758), une description des méthodes de l'amélioration génétique des animaux d'élevage, les moyens de gestion de la diversité génétique et une présentation du secteur de l'élevage ovin en Tunisie. Le second chapitre décrit les populations ovines étudiées, les protocoles expérimentaux préconisés pour analyser le polymorphisme des marqueurs RAPD et les méthodes statistiques utilisées pour interpréter les résultats. Dans le troisième chapitre, nous développerons et interpréterons les résultats des différentes analyses.

CONTEXTE ET OBJECTIFS DU TRAVAIL

En Tunisie, il existe trois importantes espèces d'élevage: les ovins (*Ovis aries*), les caprins (*Capra hircus*) et les bovins (*Bos taurus*) qui représentent respectivement 77%, 14,9% et 8,1% de l'effectif des animaux d'élevage. Le cheptel ovin tunisien est principalement constitué de quatre races: la Barbarine (B) (60,3%) et la Queue fine de l'ouest (QFO) (34,6%) qui sont élevées sur tout le territoire, mais aussi la Noire de thibar (2,1%) et la Sicilo sarde (0,7%) qui sont exclusivement concentrées dans le nord du pays (Rekik et al., 2005). La Barbarine est à queue grasse alors que les autres races sont à queue fine.

Pour améliorer les performances des troupeaux ovins, les éleveurs font recours à deux méthodes: la sélection et le croisement. Bedhiaf-Romdhani et al.(2008) ont rapporté que les agriculteurs croisent la Barbarine avec des races à queue fine (la Queue fine de l'ouest ou la Noire de thibar) en raison de la difficulté de la vente de la graisse de la queue qui représente jusqu'à 15% du poids de la carcasse de la race Barbarine. Les croisements anarchiques entre les différentes races présentent un danger sur le maintien de la pureté de celles-ci à long terme et pourraient conduire à une dilution de leur structure génétique.

D'autre part, la Tunisie est caractérisée par une grande diversité climatique. Différents étages bioclimatiques peuvent être distingués allant de l'humide et subhumide au nord ouest du pays où la pluviométrie annuelle est supérieure à 800 millimètres aux aride et désertique où la pluviométrie annuelle est inférieure à 100 millimètres (Daget, 1977). Compte tenu de la variabilité des ressources fourragères, différentes pratiques sont adoptées par les éleveurs dans les différentes zones bioclimatiques.

En outre, les études antérieures visant l'amélioration génétique des ovins en Tunisie ont porté sur la quantification et la caractérisation des caractères génétiques de la croissance et de la reproduction (Ben Hamouda, 1985; Lassoued and Rekik, 2001, Lassoued et al., 2004). L'estimation de la diversité génétique chez les races ovines et l'étude de la structure des populations s'avère donc primordiale afin de contribuer à la mise en place de programmes d'amélioration fiables et prévenants.

Dans cette étude nous avons utilisé la technique de l'amplification aléatoire de l'ADN polymorphe (RAPD) pour:

- Etudier la diversité génétique chez les deux principales races ovines en Tunisie : La Barbarine et la Queue fine de l'ouest.

- Rechercher une éventuelle différenciation génétique entre les populations de trois étages bioclimatiques différents en relation avec une possible adaptation locale aux différents climats.

- Evaluer l'ampleur des croisements entre les deux races étudiées par le biais de l'estimation des flux de gènes entre elles.

- Déterminer la structure génétique des races B et QFO.

- Estimer le niveau de différenciation entre ces deux races.

CHAPITRE I

REVUE BIBLIOGRAPHIQUE

I- Présentation de l'espèce Ovis aries (Linnaeus, 1758)

I-1- Taxonomie

• **Le règne des animaux (animalia):**

Le règne est le plus haut niveau de classification des êtres vivants. Les animaux sont des êtres vivants eucaryotes, pluricellulaires, hétérotrophes et constituent un règne dans la classification proposée par Whittake (1969) qui en compte cinq (les monères, les protistes, les mycètes, les plantes et les animaux).

• **L'embranchement des chordés (chordata):**

Les animaux qui appartiennent à cet embranchement possèdent 3 caractéristiques : un tube nerveux dorsal, un tube digestif ventral et une chorde (ou notochorde) qui est une tige cartilagineuse rigide située entre le tube neural et le tube digestif qui sert de squelette axial et aide à soutenir le corps. Cet embranchement englobe les sous-embranchements des procordés (urocordés et céphalocordés) et des vertébrés. La corde est transitoire chez les vertébrés, elle disparait au cours de leur développement et contribue à la formation de la colonne vertébrale (minéralisation de la chorde par le phosphate de Calcium); elle est présente seulement au stade larvaire chez les urocordés et elle est permanente chez les céphalocordés (Hyman, 1979).

• **Le sous-embranchement des vertébrés (vertebrata):**

Les vertébrés sont caractérisés par la présence d'une colonne vertébrale osseuse ou cartilagineuse composée de vertèbres qui entourent et protègent le système nerveux central (Hyman, 1979).

• **La classe des mammifères (mammalia):**

Les animaux de cette classe se caractérisent essentiellement par le fait que la femelle allaite ses petits grâce à des glandes spécialisées mais aussi par la présence de poils qui couvrent la peau et par leur homéothermie (Hyman, 1979).

- **La sous-classe des Placentaires ou Euthériens (Placentalia ou Eutheria):**
La principale caractéristique de cette sous-classe est que l'embryon se développe dans l'utérus, organe intra-abdominal, et alimenté grâce au placenta, une annexe embryonnaire commune à l'embryon et à la mère (Hyman, 1979).

- **Le super-ordre des ongulés (Ungulata):**
Le super ordre des ongulés regroupe les espèces marchant sur l'extrémité des doigts, garnis de sabots (Hyman, 1979).

- **L'ordre des artiodactyles (Artiodactylia):**
Les animaux de cet ordre ont un nombre pair de doigts aux pattes. L'ordre des artiodactyles contient dix familles et approximativement 200 espèces (Franklin, 1997 ; Ruvinsky et Rotschild, 1998). Il comporte plusieurs familles de haute valeur commerciale comme la famille des suidés renfermant le cochon domestique (Sus scrofa domesticus), la famille des camélidés contenant le lama (Lama glama) et la famille des cervidés à laquelle appartient le daim (Dama dama) (Owen, 1848).

- **Le sous-ordre des ruminants (Ruminantia):**
Ces animaux sont capables d'utiliser la biomasse cellulosique et des formes simples d'azote grâce à leur tube digestif qui a la particularité de posséder trois compartiments appelés "pré-estomacs" : la panse (ou rumen), le bonnet (ou réseau) et le feuillet, placés en avant de la caillette (Scopoli, 1777; Church, 1993).

- **La famille des bovidés (bovidae):**
La famille des bovidés représente une proportion élevée de la faune africaine. Elle comprend 124 espèces réparties en 47 genres (Honacki et al., 1982). Le nombre de sous familles varie de huit selon Pilgrim et Schaub (1939) (cité par Faadiel et al., 1997) à 11 selon Flower et lydekker (1891) dont les plus importantes sont les bovinés (bovinae), les caprinés (Caprinae), les antilopes (Antilopinae) et les céphalophes (Cephalophinae) (Gray, 1821; Leakey, 2009).

- **La sous famille des caprinés (Caprinae):** La sous famille des caprinés inclut les bovidés qui sont adaptés aux conditions climatiques difficiles Elle comprend 13 genres groupés en quatre tribus Ovini (les moutons), Ovibovini (les bœufs musqués, les gorals et les serows.), Caprini (les chèvres), Rupicaprini (les chamois) (Gray, 1821; Gentry, 1992).

• **Le genre Ovis:**

Le mouton domestique appartient au genre Ovis, cependant son origine reste incertaine. Plusieurs études ont considéré que les espèces ou les sous espèces du mouton sauvage, seraient les ancêtres des moutons domestiques ou ayant au moins contribué à cette espèce, particulièrement le Urial (*O. vignei*) et le Mouflon (*O. musimon* ou *O. orientalis*) (Ryder, 1984) ; la contribution de l'Argali a été également proposée (Zeuner, 1963). Hiendleder et al. (1998) ont analysé l'ADN mitochondrial du mouton domestique et ont constaté que l'une des deux principales lignées mitochondriales chez les ovins est similaire au type mouflon. Pour l'autre lignée, ils n'ont pas trouvé de correspondance avec une des espèces sauvages. Des données moléculaires plus récentes suggèrent deux groupes au sein de l'espèce *Ovis aries*, le premier ayant un ancêtre commun avec le mouflon européen et le deuxième dérive d'un autre ancêtre commun qui n'est ni l'urial ni l'argali (Hiendleder et al., 1998; Hiendleder et al., 2002). Les moutons sont faciles à élever et à apprivoiser et par conséquent ils ont été parmi les premières espèces domestiquées et utilisées comme source de viande et de laine (Ryder, 1983 ; Clutton-Brock, 1987). Comme chez d'autres espèces, la domestication du mouton a donné lieu à une variété phénotypique beaucoup plus grande que celle observée chez les espèces sauvages (Simm, 1998). Il existe entre 800 et 1000 races de mouton domestique (Loftus et Scherf, 1993 ; Mason, 1996), ce qui reflète la diversité de l'espèce *Ovis aries*. La classification des populations en races est généralement basée sur les caractéristiques phénotypiques particulières, mais d'autres facteurs comme la localisation géographique peuvent être un critère de classification. La classification à l'intérieur du genre Ovis est controversée, avec un nombre d'espèces variable selon les auteurs variant de quatre à huit. Une grande partie de cette controverse est due au fait que toutes les espèces peuvent se reproduire entre elles (Franklin, 1997). Toutefois, un argument en faveur de la différenciation entre les espèces vient du fait qu'elles possèdent un nombre de chromosomes différent.

En se basant sur les données morphologiques, de nombreuses classifications des moutons sauvages et des révisions ont été proposées au cours des deux derniers siècles. Cependant, il existe un désaccord fondamental qui réside dans le nombre d'espèces reconnues. Dans une classification basée sur le nombre de chromosomes et la répartition géographique des moutons sauvages, Nadel et al. (1973) et Geist (1991) reconnaissent six différents groupes de mouton sauvage (tableau 1). Malgré la différence du nombre de chromosomes, différentes espèces du genre Ovis peuvent se reproduire en captivité (Hiendleder et al., 1998; Nadler et al. 1973) et dans les habitats naturels produisant une progéniture fertile (Nadler et al., 1971 ; Valdez et al.1978). En conséquence, le croisement mouflon/urial donne des individus avec un nombre intermédiaire de chromosomes allant de 55 à 57 et qui ont été observés au nord (Nadler et al., 1971) et au sud de l'Iran (Valdez et al., 1978). Certains auteurs ont décrit une espèce appelée *Ovis gmelini* qui est généralement confondue avec *Ovis orientalis* (Shackleton and Lovari, 1997).

I-2- Données cytologiques

La taille, la physiologie, le comportement et l'espérance de vie des moutons en font un modèle approprié pour étudier une variété de fonctions biologiques des mammifères, y compris la physiologie, l'immunologie, l'endocrinologie, la reproduction, l'embryologie et le développement embryonnaire. Les moutons sont également utiles comme modèles de maladies héréditaires, comme l'asthme (Wright et al., 1999), la dystrophie musculaire (McGavin, 1974), la maladie de Mc Ardle ou glycogénase type 5 (Tan et al., 1997), les céroïdes-lipofuscinoses neuronales (Broom et al., 1998), ainsi que plusieurs maladies infectieuses. L'étude du fœtus du mouton a été également largement étendue et a été d'un apport considérable en ce qui concerne la physiologie du fœtus humain. Un autre avantage relatif aux recherches scientifiques chez le mouton est la disponibilité des tissus post-mortem des moutons des abattoirs. Cela a facilité l'étude des organes tel que l'hypophyse , permettant la découverte et la caractérisation de nouvelles hormones comme par exemple les hormones qui contrôlent la sécrétion de l'hormone de croissance (GH), de l'hormone lutéinisante (LH) et de l' adrénocorticotropine (ACTH).

Les moutons sont un excellent sujet d'expérimentation pour les études de laboratoire, tout d'abord, leur poids corporel est comparable à celui de l'homme, ils s'adaptent facilement à la manipulation des expérimentateurs, en général une période d'adaptation de deux semaines au laboratoire est suffisante; ce qui rend les expérimentations sur ces animaux non stressés réussies. La taille des animaux permet une introduction facile des cathéters dans les différents vaisseaux sanguins, la vessie, le rumen. La prise de sang pour les analyses physiologiques et moléculaires est simple et permet l'obtention de quantités suffisantes (Hecker, 1974).

Les études chromosomiques ont permis de décrire le caryotype du mouton domestique par Berry (1938), Ahmed (1940) et Cribu et Matejka (1985). Il est composé de 54 Chromosomes dont 3 paires de métacentriques, 23 paires d'acrocentriques et 2 gonosomes X et Y respectivement acrocentrique et métacentrique. Ils sont caractérisés par l'importance de la taille des chromosomes 1, 2 et 3 par rapport aux autres ayant des longueurs supérieures à 300 cM, soit plus du double de la taille d'un autre chromosome. Ces trois chromosomes sont également métacentriques alors que le reste des chromosomes sont télocentriques. Le chromosome X est acrocentrique et relativement grand alors que le chromosome Y est très petit et métacentrique. Les caractéristiques chromosomiques des espèces du genre Ovis sont données dans le tableau 1. La carte de liaison des ovins a subi plusieurs révisions et contient actuellement 1062 locus couvrant 3400 cM pour les autosomes et 132 cM pour le chromosome X (Crawford et al., 1995; Galloway et al., 1996; De Gortari et al., 1998; Maddox et al., 2001).

L'hématologie du mouton a été également étudiée depuis plusieurs années et a été résumée par Schalm (1961). Sept systèmes de groupes sanguins ont été identifiés chez le mouton domestique qui sont (A, B, C, D, M, K, X), le système B est le plus complexe et polymorphe (Ramusen, 1958; 1960 ; Nguyen et Ruffet, 1975 ; Nguyen et Bunch, 1980). Les normes hématologiques chez les ovins sont données dans le tableau 2.

Tableau 1: les espèces du genre Ovis et leurs caractéristiques.

Espèce	Nom commun	Nombre de chromosomes
Ovis aries	Mouton domestique	2n=54
Ovis musimon/orientalis	Mouflon de méditerranée	2n=54
Ovis vignei	Urial	2n=58
Ovis ammon	Argali	2n=56
Ovis canadensis	Le mouflon canadien	2n=54
Ovis dalli	Le mouflon de dall	2n=54
Ovis nivicola	Le mouflon des neiges	2n=52

Tableau 2: Normes hématologiques chez les ovins.

Hémoglobine (g/l)	90-130	Neutrophiles %	10-53

Hématocrite %	27-41	Eosinophiles %	0-24
Erythrocytes T/L*	8-13	Basophiles %	0-1
Leucocytes x10^9/l	5-17	Monocytes %	0-1
Lymphocytes %	34-80		

(Source: Brugère-Picoux, 2004), * Téra/ litre = million/mm^3

II- Diversité raciale des ovins

II-1- Diversité raciale des ovins dans le monde

L'espèce ovine domestique est essentiellement élevée pour sa viande, lait et laine. Plus de 850 races sont reconnues dans le monde (Rege et Gibson, 2003), elles sont inégalement réparties à travers les différents continents et pays. Les races peuvent être classées selon la finalité pour laquelle elles sont élevées, on distingue ainsi les races à viande qui permettent de réaliser une bonne performance carnée et d'offrir une bonne qualité de viande, les races laitières qui ont une production intéressante de lait et les races à laine qui ont une laine dense et bouclée très appréciée par les industriels, ce dernier groupe est essentiellement représenté par la race Mérinos. Les moutons peuvent également être classés par la présence ou non de matières grasses dans leur queue, on distingue les races à queue grasse et celles à queue fine. Les moutons à queue grasse sont rencontrés en Afrique et en Asie. D'autres caractéristiques sont également utilisées pour classer les moutons comme par exemple la couleur de la tête, la présence ou l'absence de cornes…

L'Europe contient le nombre le plus important de races par rapport aux autres continents (Rege et Gibson, 2003). Dans ce qui suit, nous allons présenter les races les plus répandues dans le monde.

La Chios: l'origine de la race Chios est inconnue, elle est considéréé comme race à queue semi-grasse, elle est élevée essentiellement pour sa production de lait. Cette race a généralement des taches noires ou brunes sur les oreilles, le nez, le ventre, les jambes et autour des yeux. Le poids à l'âge adulte varie entre 48 et 70 kg chez la femelle et 65 à 90 kg chez le mâle. Les mâles ont des cornes en spirale alors que chez la femelle, les cornes sont de petite taille. La brebis a une taille de la portée de l'ordre de 1,5 à 2,3. Le poids moyen à la naissance est de 3,6 à 3,9 kg. A 45 jours, les agneaux pèsent en moyenne 14,7 à 15,9 kg. La brebis peut produire entre 120 et 300 kg de lait par lactation. Cette race est souvent élevée en

Grèce et en Chypre (Hatzlmlnaoglou et al., 1996; Ligda et al., 2000, Gimenez-Diaz et al., 2011).

La Finnoise: appelée également Finnsheep, cette race est connue pour sa grande prolificité, en effet il est fréquent pour une brebis de donner trois, quatre ou même cinq agneaux par mise bas. C'est pour cette raison qu'elle est souvent utilisée dans les programmes d'amélioration génétique des ovins afin d'augmenter la prolificité des troupeaux. Elle est originaire de Finlande et a été introduite en France, en Amérique et en Australie pour ses performances de reproduction élevée. La couleur de toison la plus commune est le blanc, d'autres couleurs comme le marron et le noir sont rarement rencontrées. C'est une race de taille moyenne, ayant une courte queue. Le poids à l'âge adulte est de l'ordre de 60-70 kg chez la femelle 80-90 kg chez le mâle (Maijala et Österberg, 1977).

La Mérinos: cette race est de petite taille et réputée pour la qualité de sa laine. Elle est originaire de l'Espagne et représente 75% du cheptel ovin de ce pays, elle a été introduite en Amérique au cours des années 80. Seuls les mâles de cette race sont cornus. La production moyenne en laine d'un Mérinos est de l'ordre de 3-6 kg par toison (Trewin, 2003).

La Hamsphire: cette race est à vocation viande et originaire d'Angleterre. Elle a une prolificité assez élevée (supérieure à 1,5). Les animaux de cette race n'ont pas de cornes. Le bélier pèse entre 90 et 120 kg et la femelle entre 65 et 75 kg, sa prolificité est de l'ordre de 1-1,34 (Carter, 1940; 1962 et 1965; Fournier, 2006).

L'Ile de France: Originaire du Bassin parisien, cette race a été obtenue par croisement entre des brebis de race Rambouillet et des béliers de race anglaise Dishley et Leicester. Le mouton de cette race bénéficie d'un potentiel génétique réunissant un ensemble de qualités remarquables: bonne précocité et valeur laitière, aptitude au dessaisonnement sexuel, vitesse de croissance élevée. Sa souplesse d'adaptation lui permet de vivre en bergerie comme au pâturage. C'est une race dessaisonnée, sa laine est d'excellente qualité et les agneaux croissent rapidement. Le poids du mâle adulte varie entre 100 et 130 kg et celui de la femelle adulte entre 75 et 90 kg (Dudouet, 2003; Fournier, 2006).

La Manchega: c'est une race mixte élevée pour la production de lait et de viande, rencontrée dans la région de la Mancha en Espagne. Il existe deux variétés de cette race qui se différencient par la couleur de leur toison: la première est noire et la deuxième est blanche; cette dernière représente 90% des animaux. La production moyenne de lait est de 100 litres par animal et par an. Le fromage Manchego, bien connu en Europe, est fabriqué à partir du lait de cette race (Mason, 1996).

La Rambouillet: cette race est également connue sous l'appellation « Mérinos de Rambouillet », cette race est d'origine espagnole et a été introduite en France et en Amérique à la fin du XVIIIème siècle. Le bélier pèse de 70 à 90 kg alors que le poids de la femelle varie entre 45 et 60 kg. Seuls les béliers sont cornés, la laine recouvre tout le corps. Bien qu'elle soit réputée pour la qualité de sa laine, la race Rambouillet présente plusieurs avantages, elle est d'abord rustique et elle accepte ce qu'elle trouve pour se nourrir, même les fourrages ligneux. Ensuite elle est naturellement dessaisonnée, la prolificité de la brebis est de 1,28(Babo 2000, Dudouet, 2003).

La Romanov: cette race est originaire de la région de la Haute Volga en Russie. Au 18 ^{ème} siècle, ces animaux ont été introduits en Allemagne et en France, les animaux sont à queue fine et adaptés au climat froid. Ils sont noirs à la naissance et changent au gris à fur et à mesure qu'ils grandissent. Les poids moyens du mâle et de la femelle sont respectivement de l'ordre de 55-80 kg et 40-50 kg. La race est réputée pour ses performances de reproduction élevées, entre autres une prolificité intéressante (2,8) et une maturité sexuelle atteinte à 3-4 mois d'âge. Les brebis peuvent agneler deux fois par an si l'alimentation et la gestion sont bonnes (Fahmy, 1996).

La Awassi: c'est la race la plus importante au Sud-ouest de l'Asie, elle est dominante en Irak, en Syrie et représente la seule race autochtone au Liban, en Jordanie et en Israël. Elle est très rustique, bien adaptée aux températures élevées et aux conditions alimentaires défavorables. Les animaux de cette race sont bien adaptés aux pâturages pauvres et peuvent compenser le manque de forage pendant la saison sèche en utilisant les réserves stockées dans la queue. Au nord de l'Arabie Saoudite, elle est élevée dans des conditions désertiques. Les animaux sont à queue grasse, de couleur blanche avec une tête marron, ayant des oreilles longues et tombantes. Les béliers ont toujours des cornes fortes (40-60 cm) . Le poids varie de 60 à 90 kg chez le mâle et de 30 à 50 kg chez la femelle. La race Awassi possède un potentiel laitier élevé variant selon les pays de 60 (Syrie) à 185 kg par lactation (Turquie) (Mason, 1967; Degen, 1977; Epstein, 1982).

La Suffolk: cette race est originaire de l'Angleterre et a été introduite dans la majorité des pays européens, elle est principalement élevée pour sa production de lait et de viande. Les animaux de cette race sont sans cornes, sans laine, couverts d'un fin poil noir et possèdent des oreilles longues et fines. Les brebis agnellent une seule fois par an et ont une prolificité moyenne de 1,6. Les agneaux ont une croissance de poids remarquable avec un gain moyen quotidien de l'ordre de 330-370 g entre 10 et 30 jours d'âge et 360-400 g entre 30 et 70 jours d'âge. Le poids à l'âge adulte est de l'ordre de 90-130 kg et 70-90 kg, respectivement chez le mâle et la femelle (Mason, 1996; Babo, 2000).

La Texel: Originaire de l'île de Texel au Pays-Bas, cette race dont les origines remontent à l'époque romaine, a été introduite en France, au Royaume-Uni, en Australie et en Amérique du sud. Elle est élevée pour son excellente production de viande et de laine, ses hautes aptitudes bouchères et sa prolificité qui est de l'ordre de 1,75-2 et son adaptation aux intempéries et aux maladies des terrains humides. La lactation des brebis est particulièrement forte ce qui lui permet de bien élever des agneaux qui pèsent 40 kg et plus au bout du quatrième mois. La race présente une morphologie typique, facilement identifiable: la tête est totalement découverte, la peau est blanche, les oreilles sont épaisses et légèrement dressées, le nez est foncé (le plus souvent noir) (Babo, 2000, Mikesell et Baker, 2010).

L'Ouled Djellal: cette race a comme berceau le centre et l'Est algérien et représente 63% du cheptel ovin algérien. C'est une race entièrement blanche, à laine et queue fine, à taille haute, à pattes longues, apte pour la marche. La prolificité de la femelle est de 1,1. La rusticité dans les différentes conditions et la productivité pondérale de cette race expliquent sa rapide diffusion en Algérie (Mamine, 2010).

II-2- Composition du cheptel ovin Tunisien

L'élevage ovin joue un rôle essentiel dans la sécurité alimentaire de la Tunisie. En effet, ce secteur fournit plus de 48 % dans la production des viandes rouges estimée à 120000 tonnes (Mohamed-Brahmi et al., 2010).

Le cheptel ovin tunisien compte environ quatre millions d'unités femelles réparties en quatre races principales: la Barbarine, la Queue Fine de l'Ouest, la Noire de thibar et la Sicilo Sarde qui représentent respectivement 60,3 %, 34,6 %, 2,1 % et 0,7 % de la population totale (Rekik et al., 2005) (figure 1). La race prolifique **marocaine** D'man **a été introduite en Tunisie** en 1994, pour améliorer la productivité des troupeaux. (El Hentati et al., 2006). D'autres races exogènes existent en nombre réduit comme la Comisana, la Sarde marocaine et la Lacaune (Rekik et al.,2005). La race introduite n'a pas connu beaucoup de succès vue la forte consanguinité qui caractérise cette race. Les tentatives d'hybridation avec des races locales ont échoué en raison des difficultés d'élevage de cette race dans les conditions normales de pâturage en Tunisie. Par contre, les deux races natives prédominantes (la Barbarine et la Queue fine de l'ouest) s'adaptent mieux aux conditions d'élevage du pays et souvent élevées en races pures.

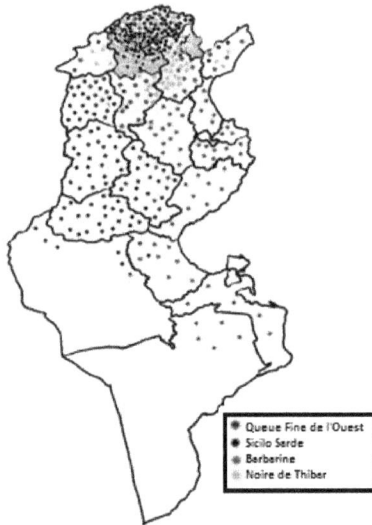

Figure 1: Distribution des races ovines locales en Tunisie (Chaque point représente 1% du nombre total des unités femelles de la race (Rekik et al., 2005).

II-2- 1- La race Barbarine

La Barbarine est originaire des steppes asiatiques. Cette race est très ancienne, elle a été introduite en Tunisie 400 ans avant J.C (Khaldi, 1989). Son introduction en Afrique du Nord a été réalisée par les phéniciens comme a été représenté sur les stèles découvertes dans le sanctuaire de Carthage et d'Utique. Cette race est mieux connue sous la nomination « Nejdi » ou « Arbi ». La race Barbarine est une race à vocation viande. Elle est présente dans toutes les régions de la Tunisie, du Sahara aux côtes nord, avec une forte concentration dans les régions du centre et du sud. Elle se caractérise par une grosse queue dont le poids varie de 1,5 à 7 kg (Khaldi et Farid, 1981) représentant ainsi 15 à 20% du poids de la carcasse. La queue permet la mobilisation des réserves de la brebis essentiellement pendant les périodes de disette et après l'agnelage et contribue ainsi à la rusticité de l'animal.

II-2- 1- a- Morphologie générale (adaptée d'après Forêt (1958))

Les animaux de cette race sont caractérisés par une couleur uniformément blanche avec, selon la variété, une coloration noire ou rousse couvrant toutes les parties pileuses et/ou la tête; une toison homogène, moyennement tassée et très étendue pesant de 2 à 2,5 kg; un cou court, large; un corps régulier, cylindrique et long; un appendice caudal adipeux, volumineux, presque aussi large que long caractérisé par un bord inférieur bien arrondi presque bilobé et bien symétrique; des membres assez forts et moyennement longs. Le poids du mâle adulte, de la femelle adulte et la taille au garrot chez cette race sont respectivement de l'ordre de 60-70 kg, 40-50 kg et 60-70 cm.

II-2- 1- b- Ecotypes de la race Barbarine

Selon le polymorphisme phénotypique apparent, on distingue trois écotypes de la race Barbarine en Tunisie (figures 2 et 3):

• **La Barbarine du centre:** caractérisée par une taille moyenne, elle est généralement de couleur blanche et à tête rousse.

• **La Barbarine du nord:** caractérisée par une grande taille et une tête dépourvue de cornes. Elle est souvent de couleur blanche et à tête noire.

• **La Barbarine du sud:** rencontrée dans les régions arides du pays, elle a des caractéristiques semblables à celles de la Barbarine du centre sauf qu'elle se distingue par une petite taille, une queue très réduite et des membres longs et fins.

La Barbarine à tête rousse est plus rustique en conditions défavorables alors que la Barbarine à tête noire et plus performante en conditions favorables (Rekik et al., 2005). Les caractéristiques morphologiques de la Barbarine du centre et de la Barbarine du nord sont représentées dans les tableaux 3 et 4.

Tableau 3: Description phénotypique de la femelle Barbarine du centre.

Caractère	Caractéristiques
Tête	Fine couverte de poils fins roux
Couleur	Rousse
Oreilles	Longues et légèrement pendantes
Cornes	Absentes
Cou	Long
Poitrine	Large

Tableau 3 (suite): Description phénotypique de la femelle Barbarine du centre.

Dos	Rectiligne
Toison	Fine moins dense sans mèche
Queue	Moyenne, grasse et ramassée au-dessus des jarrets.
Membres	Légèrement plus longs que ceux du type Nord.

Tableau 4: Description phénotypique de la femelle Barbarine du Nord.

Caractère	Caractéristiques
Tête	Fine allongée et couverte de poils fins noirs ou roux
Couleur	Rousse ou noire
Oreilles	Longues et légèrement pendantes
Cornes	Absentes
Cou	Long
Poitrine	Large et profonde
Dos	Long, bassin large
Toison	Dense et tassée à mèches longues, bien répandues sur le corps. Laine de finesse moyenne
Queue	Grosse, grasse et bilobée.

Membres	Assez forts, moyennement longs. Les extrémités sont noires ou rousses selon la variété.

Figure 2: Bélier à tête rousse de la race Barbarine.

Figure 3: Belier à tête noire de la race Barbarine.

II-2- 2- La Queue fine de l'ouest

Cette race dérive de la population ovine « Ouled Djellal » des hauts plateaux de l'Est de l'Algérie. Elle est également appelée Bergui (Rekik et al., 2005). Les animaux de cette race ont une robe blanche ; une toison très étendue tassée et homogène ; un abdomen partiellement garni; une tête moyenne et dépourvue de cornes; des oreilles larges, longues et tombantes (figure 4) (Forêt, 1958).

Figure 4: Béliers de la race Queue Fine de l'Ouest

Les traits adaptatifs de la Queue Fine de l'Ouest indigène de la Tunisie n'ont pas été étudiés mais les observations de terrain permettent de conclure que la race tolère les conditions climatiques difficiles d'extrême froid et de hautes températures; qu'elle a une grande capacité de paître dans les régions montagneuses et les parcours difficiles grâce à la conformation du corps de l'animal, particulièrement les longs membres et qu'elle est également connue pour ces bonnes qualités de maternage (Rekik et al, 2005). Le poids du mâle adulte, de la femelle adulte et la taille au garrot chez cette race sont respectivement de l'ordre de 60-75 kg, 40-60 kg et 60-75 cm (Atti, 2000).

II-2-3- La Noire de Thibar

La haute Valée de Medjerda, peut être considérée comme le berceau de cette race. En effet, l'histoire de sa création remonte à la première décennie du 20ème siècle quand les pères blancs se sont installés dans la région de Thibar (Nord-Ouest de la Tunisie). La photosensibilité, engendrée par l'ingestion de millepertuis (*Hypercicum perfoliatum*) des ovins à tête blanche, représentait un danger pour leur production ovine. Ce problème anaphylactique a poussé le père Novat (d'origine Hollandaise) à rechercher des animaux de couleur noire qui confère à la race une résistance à ce phénomène. Il a réalisé le croisement de la race Queue Fine de l'Ouest par la race Mérinos d'Arles, qui est un animal rustique, petit et râblé. Vers 1908, ce croisement a donné quelques animaux colorés du chocolat au noir en passant par le brun. En 1918, tout le troupeau devenait pigmenté du brun au noir et le retour au blanc a été systématiquement éliminé. Ce n'est qu'en 1924 que la couleur noire fût fixée définitivement. C'est la race Noire de Thibar qui, en plus, présentait une conformation meilleure et une laine de meilleure qualité par rapport à la Queue Fine de l'Ouest. Elle est moins rustique que les races Barbarine et Queue Fine de L'Ouest. Elle exige de bonnes conditions d'élevage.

Kallel (1968) décrit les animaux de cette race comme suit:

* Couleur : Noire, très tendue, couvre presque la totalité du corps, elle est tassée et assez homogène.

* Tête : légèrement allongée, surtout sur le chanfrein, oreilles minces, moyennement longues et horizontales, sans cornes.

* Cou : moyennement long et bien attaché.

* Corps: régulier et cylindrique

* Membres : courts et fins

* Appendice caudal : fin sur toute sa longueur.

* Toison : très étendue, tassée et assez homogène.

* Le poids du mâle adulte, de la femelle adulte et la taille au garrot chez cette race sont respectivement de l'ordre de 70-80 kg, 50-60 kg et 60-70 cm (figure 5).

Figure 5: Bélier de la race Noire de Thibar

II-2-4- La Sicilo-Sarde

La race Sicilo-Sarde est issue d'un croisement entre deux races italiennes Comisana et Sarda (Ben Hamouda et Zitoun, 1998). Cette race est la seule race ovine laitière de la Tunisie. Cette population ovine est exclusivement localisée dans les régions du nord (Béja et Bizerte) où les conditions climatiques sont favorables et les ressources fourragères sont abondantes (Atti, 1998). Les animaux sont caractérisés par une robe de couleur très variable (blanche, noire ou tachetée) et une toison légère. Le poids du mâle adulte, de la femelle adulte et la taille au garrot chez cette race sont respectivement de l'ordre de 65-75 kg, 45 kg et 55-60 cm (Khaldi et Farid, 1981).

Figure 6: Des brebis de la race Sicilo-Sarde (noter les différentes couleurs des animaux).

II-2-5- La race D'man

L'origine historique de la race D'man est un peu obscure. Certains auteurs confirment qu'elle serait la conséquence d'une sélection par les éleveurs dans les conditions climatiques des oasis du sud-est marocain à partir des moutons autochtones, alors que d'autresévoquent qu'elle serait issue du croisement entre les races locales marocaines. Néanmoins, Boujenane (1999) a rapporté que la race D'man serait originaire de l'Afrique de l'Ouest. Donc c'est une race dont l'origine est mal connue mais implantée depuis longtemps dans les oasis marocaine, dans les Vallées de Ziz et Drâa ainsi que dans les vallées de Dadès.

En 1994, huit brebis et deux béliers de la race D'man ont été offerts par le Maroc à la Tunisie. Quelques mois après et exactement en Mars 1994, cette race a été introduite par l'office d'élevage et de pâturage avec un noyau initial de cent brebis et douze béliers. Elle a été engagée en Tunisie dans le cadre de la coopération entre les pays de l'union du Maghreb Arabe, la race ovine D'man est mondialement connue pour ces caractéristiques zootechniques économiquement intéressantes plus particulièrement sa prolificité, sa précocité sexuelle et l'absence de l'anœstrus de saison et de lactation. Le poids du mâle adulte, de la femelle adulte et la taille au garrot chez cette race sont respectivement de l'ordre de 50-70 kg, 30-45 kg et 73-82 cm (Boujenane, 1999; Rekik et al., 2008).

Pour s'échapper des dangers de dégénérescence et étudier les possibilités d'adaptation de la D'man dans deux milieux intensifs divers, le noyau importé a été placé dans deux fermes de l'office, caractérisés par un système de production et un climat très différents :

- **Ferme Fritissa à Mateur :** localisée au Nord de la Tunisie dans l'étage subhumide qui est défini par un système de production incorporant l'élevage bovin, ovin et les grandes cultures.

- **Projet Chenchou à Gabes :** situé au Sud dans l'étage bioclimatique aride, caractérisé par l'intégration de l'élevage ovin et caprins laitiers fondé sur l'exploitation d'une luzernière.

Le noyau de Fritissa a été transféré à Chenchou en 1998 suite aux problèmes d'adaptation. La race D'Man a connu par la suite une large extension; particulièrement dans le milieu oasien au sud du pays (Rekik et al 2008).

II-2-5-a- Description morphologique de la race D'man

Selon Boujenane (1999), la race D'man est caractérisée par:

✓ Une taille petite, de type longiligne à ossature légère et fine;

✓ Une longueur du corps incluant la tête varie de 0,85 à 1 m et 0,8 à 0,9 m respectivement chez le mâle et chez la femelle;

✓ Une tête fine et étroite à profil légèrement busqué chez la femelle nettement plus chez le mâle;

✓ Un cou long, mince et porte souvent des pendeloques chez la femelle, plus rarement chez le mâle;

✓ Des oreilles longues tombantes, implantées bas derrière la tête et tournées vers le sol avec une longueur variante de 12 à 15 cm et une largeur del'ordre de 7 cm;

✓ L'absence de cornes chez le mâle et la femelle;

L'abdomen étant très développé, en relation avec la forte capacité d'ingestion, la ligne de dessous est inclinée vers l'arrière et il y a l'impression que l'ensemble de l'animal se trouve également déporté vers l'arrière (figures 7 et 8).

Figure 7: Bélier de la race D'man.

Figure 8 : Brebis de la race D'man.

III- Amélioration génétique des ovins

L'amélioration génétique des animaux domestiques fait appel aux principes de la génétique quantitative qui traite des caractères à variation continue déterminés par des gènes nombreux, pour la plupart non identifiables individuellement, et de l'évolution des populations soumises à l'action de l'Homme (Ollivier, 2002). Les caractères de production (poids, taille...) sont déterminés par plusieurs gènes et par des facteurs non génétiques appelés par convention l'environnement. Pour un caractère quantitatif, le phénotype que l'on mesure (poids, croissance journalière...) est fonction de deux facteurs, la valeur du génotype G de l'animal et l'effet global E du milieu. On utilise généralement la fonction $P = G + E$. La valeur génotypique G est l'ensemble des effets de chaque allèle, d'une part pris individuellement, d'autre part pris en paire pour chaque gène, et enfin en association avec les allèles d'autres gènes. Ces trois contributions à la valeur génotypique G sont nommées respectivement la valeur additive ou valeur génétique ou valeur d'élevage « A », la valeur de dominance, « D », et la valeur d'épistasie, « I ». On a donc $G = A + D + I$ (Minvielle, 1990). L'objectif de l'éleveur est d'améliorer les valeurs phénotypiques de tous les traits importants influençant directement la croissance, la prolificité et la résistance aux maladies (Ollivier, 2002).

En Tunisie, de grands efforts ont été déployés pour améliorer la productivité des ovins par le biais de la caractérisation quantitative des caractères de croissance et de reproduction (Ben Hamouda, 1985; Djemali et al., 1994; Lassoued et Rekik, 2001; Lassoued et al., 2004).

Pour améliorer les caractères de performance de leurs troupeaux, les éleveurs ont recours à deux pratiques (Sellier, 1992) :

• La sélection en race pure qui est lente et qui nécessite plusieurs années pour aboutir à des résultats (Bradford, 1985). L'amélioration génétique par sélection en race pure consiste à choisir à l'intérieur d'une même race les animaux ayant une valeur génétique supérieure pour un ou plusieurs caractères et à organiser la reproduction de manière à obtenir un nombre maximum de descendants provenant des animaux choisis selon leurs valeurs génétiques élevées.

• Le croisement est l'accouplement d'un mâle et d'une femelle de races différentes. L'objectif du croisement est l'amélioration des performances des animaux en profitant de la complémentarité entre les races et des effets d'hétérosis Cette méthode permet une amélioration rapide de la productivité globale (Freking et al., 2000; Freking et Leymaster, 2004). En Tunisie, Lassoued et Rekik (2001) ont constaté que le croisement avec la race D'Man a amélioré les performances de reproduction des brebis locales de race Queue fine de l'ouest.

Cependant, la sélection et les croisements à travers plusieurs générations conduisent à des risques de la réduction de la diversité génétique des races exploitées. Il est donc important de prendre conscience du risque d'appauvrissement de la diversité génétique.

Les paramètres souvent utilisés pour estimer les performances de croissance d'un animal sont les poids à différents âges types c'est-à-dire à la naissance, 30, 60 et 90 jours après la naissance (PN, P30, P60 et P90…) et les gains moyens quotidiens (GMQ) entre la naissance et 30 jours d'âge, entre 30 et 60 jours d'âge et entre 60 et 90 jours d'âge (GMQ$_{0\text{-}30}$, GMQ$_{30\text{-}60}$, GMQ$_{60\text{-}90}$). Pour estimer les performances d'une race donnée, on détermine alors le poids moyen aux différents âges ou le GMQ moyen à différents intervalles d'âge (Rekik et al. 2005; Abbas et al., 2010). D'un autre côté, l'amélioration des performances de reproduction des femelles est un objectif majeur de l'élevage des ovins qui permet l'amélioration de la rentabilité du cheptel (Abdulkhaliq et al., 1989). La productivité de la brebis, définie comme le nombre (ou poids total) des agneaux sevrés par brebis mise à la lutte, dépend de la fécondité, la taille des portées, la survie des agneaux et la croissance (Fogarty et al., 1985). Parmi ces caractères de reproduction, la taille des portées s'est avérée d'intérêt majeur puisque son amélioration permet l'augmentation du nombre d'agneaux commercialisés par brebis (Shelton, 1971). La taille de la portée est le nombre moyen d'agneaux nés par brebis ayant mis bas. La prolificité est égale à la taille de la portée multipliée par 100. D'autres paramètres ont été calculés par plusieurs auteurs pour l'étude de caractères de production chez les brebis de différentes races comme le taux de fertilité (Safary et al, 2005) qui est le rapport entre le nombre de brebis ayant mis bas et le nombre de brebis mises en lutte ; le taux de fécondité (Koyuncu et Yelikaya, 2007) qui est le rapport entre le nombre d'agneaux nés et le nombre de brebis mises à la lutte ; le taux d'ovulation (Lassoued et al., 2004) ; l'intervalle entre deux agnelages ; l'âge au premier agnelage et l'âge moyen à la puberté (Boujenane, 1999).

L'estimation des corrélations génétiques entre les caractères zootechniques et leurs héritabilités est indispensable pour élaborer des stratégies d'amélioration génétique adéquate. Leur calcul est basé, généralement, sur l'estimation des composantes de la variance par la méthode de l'analyse de la variance (Djemali et al., 1995).

L'héritabilité (h^2) indique la part de la supériorité phénotypique qui est d'origine génétique, et donc transmise aux descendants (Razungles, 1977). Le potentiel d'amélioration génétique est tributaire de l'héritabilité du caractère. Ainsi Jussiau et al. (2006) ont distingué trois catégories de caractères en fonction de leur héritabilité : caractère à forte héritabilité (>0,4), caractères à héritabilité moyenne (entre 0,2 et 0,4) et caractère à faible héritabilité (<0,2). Il existe plusieurs méthodes d'estimation de l'héritabilité qui sont essentiellement la méthode des régressions ou des corrélations (Falconer, 1996), l'analyse des fratries (Falconer, 1996) et les méthodes MIVQE (0), ML et REML qui ont été comparées par Djemali et al. (1995) pour l'estimation de l'héritabilité des caractères de croissance de la race Barbarine.

La corrélation génétique (r_A) exprime la dépendance qui se manifeste entre deux caractères quantitatifs qui sont sous l'influence des mêmes gènes. Connaitre la corrélation génétique entre les différents caractères zootechniques est primordiale pour évaluer l'effet qu'aura la sélection pour un caractère sur un autre qui lui est lié génétiquement (Lynch, 1999). La corrélation génétique prend des valeurs entre -1 et 1 ; plus elle est élevée en valeur absolue, plus la liaison génétique entre les deux caractères est forte. Une corrélation négative pourrait être favorable lorsque la sélection vise à augmenter les valeurs génétiques pour un caractère et les réduire pour un autre. La corrélation génétique est estimée à partir d'une analyse de covariance des différents caractères en divisant la somme des covariances du père et de la mère des deux caractères concernés par la racine carrée du produit de la somme des variances du père et de la mère pour chaque caractère (El Hentati et al., 2006). L'héritabilité moyenne de quelques paramètres de croissance et de reproduction et les corrélations génétiques moyennes (r_A) entre quelques caractères de croissance chez les agneaux ont été décrites par Fogarty (1995) et Safary (2005).

IV- Etude de la diversité génétique

La diversité génétique est la variété des gènes au sein d'une espèce donnée Elle reflète la différence entre les individus (Frankham, 2002). Ainsi l'Union Internationale pour la Conservation de la Nature (IUCN) a considéré la diversité génétique un des trois niveaux de la biodiversité (Reed et Frankham, 2003) qui sont: la biodiversité génétique, la biodiversité spécifique et la biodiversité des écosystèmes. Avise (2004) a même déclaré « la biodiversité est la diversité génétique ». La diversité génétique joue un rôle important dans l'évolution des populations en permettant à l'espèce de s'adapter aux changements environnementaux (Reed et Frankham, 2003). La sélection artificielle et l'élevage préférentiel pour des caractères appréciés par l'homme ont des conséquences positives sur la productivité mais entraînent une faible diversité génétique qui présente des risques. La diversité génétique est un facteur important qui permet aux populations d'évoluer et de s'adapter à des changements climatiques et environnementaux (Frankham, 2005).

Les outils de la génétique peuvent permettre, à travers l'établissement d'indicateurs, d'évaluer la variabilité génétique chez les populations. Verrier et al. (2005) rappellent que l'on dispose de plusieurs informations pour apprécier la variabilité génétique : l'observation des phénotypes des animaux, la connaissance de leur généalogie, les marqueurs biochimiques et moléculaires.

IV-1- Les marqueurs morphologiques

Les caractères morphologiques ont été les premiers marqueurs génétiques utilisés. Ces marqueurs sont le plus souvent dominants et il peut arriver que la forme récessive homozygote soit létale, ce qui complique l'analyse génétique. Chez les ovins, les marqueurs morphologiques qui peuvent être utilisés pour la caractérisation des différentes races sont le poids, la taille, la hauteur au garrot, le tour de poitrine, la longueur des oreilles et la longueur des cornes (Arora et al., 2010), la longueur de la tête, la largeur de la bouche, la couleur des oreilles, la longueur du cou, la longueur et la largeur de la queue, la couleur des différentes parties du corps (Ibrahim et al., 2010) .Sun et al. (2009) ont comparé les marqueurs morphologiques, les marqueurs biochimiques (allozymes sériques) et les marqueurs moléculaires (microsatellites) en étudiant la diversité génétique chez quatre races ovines en Chine. Ils ont constaté que les marqueurs morphologiques ne sont pas adéquats pour étudier les relations phylogénétiques entre les populations ovines.

IV-2- les marqueurs biochimiques

Les premières études visant à mesurer la diversité génétique au sein des espèces à l'aide de marqueurs biologiques se sont faites à partir de marqueurs biochimiques, c'est-à-dire les groupes sanguins, dont le polymorphisme est détecté par les techniques d'immunologie, et les protéines, dont le polymorphisme est détecté par électrophorèse. Les allozymes sont des marqueurs biochimiques exploités en se basant sur le polymorphisme des protéines enzymatiques. La constitution en acides aminés d'une enzyme peut varier d'un individu à l'autre ce qui affecte sa charge électrique. La variation entre les individus est observée après séparation électrophorétique des protéines et coloration histochimique spécifique à l'enzyme.

Il faut cependant noter que le polymorphisme enzymatique ne détecte approximativement qu'un tiers des substitutions d'aminoacides (redondance du code génétique, nombreuses substitutions synonymes laissant la structure protéique inchangée), et sous-estime ainsi la variabilité génétique (nucléotidique) totale (Ayala, 1982).

Malgré la limite de résolution des techniques biochimiques, elles présentent plusieurs avantages. Elles sont simples, rapides et peu coûteuses ayant permis d'étudier la diversité génétique chez plusieurs populations ovines.

La variabilité des groupes sanguins et des protéines a été largement utilisée pour caractériser la diversité génétique chez les ovins (Deza et al., 2000; Ndamunkong, 1995; Missohou et al., 1998), de même certaines protéines du sang ont été associées à des caractères quantitatifs et d'adaptabilité (Dally et al., 1980; Pierragostini et al., 1994; Missouhou et al., 1998).

IV-3- Les marqueurs moléculaires

De nos jours, les études du polymorphisme de l'ADN ont été facilitées par la technique de la Réaction de polymérisation en chaîne (PCR, de l'anglais Polymerase Chain Reaction). Les marqueurs génétiques classiques tels que les marqueurs morphologiques et iso enzymatiques (les allozymes) sont alors de plus en plus abandonnés et progressivement remplacés par les techniques basées sur la PCR tels que les RFLP (polymorphisme de longueur des fragments de restriction, de l'anglais restriction fragment length polymorphism) (Lu et al., 1996; Gauthier et al., 2002) les VNTR (répétitions en tandem en nombre variable, de l'anglais variable number of tandem repeat) (Farid et al. 2000; Arranz et al., 2001; Pariset et al., 2003), le séquençage de l'ADN (Parker et al., 1998; Yang et al., 2003; Chapman et Burke, 2007; Wickert et al., 2007), l'AFLP (Polymorphisme de longueur des fragments amplifiés, de anglais amplified fragment length polymorphism) (Sergam et al., 2006) et les RAPD (amplification aléatoire de l'ADN polymorphe, de l'anglais random amplified polymorphic DNA) (Bronzini et al., 2002; Fu et al., 2003; Hovmalm et al., 2004).

Le succès d'une technique moléculaire dépend étroitement du développement d'un protocole fiable pour isoler un ADN de haute qualité et des conditions de la PCR. Les techniques moléculaires demandent beaucoup d'argent. Il faut donc toujours commencer par une étude « pilote » afin de s'assurer de la faisabilité préalable du protocole. Pour réussir les techniques de la biologie moléculaire, il faut que l'ADN extrait soit de haute qualité. En effet, il ne doit pas contenir de facteurs inhibiteurs de la PCR. L'obtention d'un ADN de bonne qualité avec le minimum de temps et de coût est toujours d'intérêt. Chez les animaux, l'extraction de l'ADN peut être faite à partir de tissus comme les poils ou les fèces (Bellemain et al., 2005; Prugh et al., 2005) quand la manipulation ou la capture des animaux n'est pas possible (Waits et Paetkau, 2005), cependant les leucocytes sanguins représentent la source majeure d'ADN. Les méthodes d'extraction des acides nucléiques peuvent se classer en trois principales classes en fonction du principe auquel elles font appel (Bienvenu et al., 1999): les méthodes aux solvants organiques utilisant soit le phénol-chloroforme (Sambrook et al., 1989) soit le **chlorure de guanidium (Jeanpierre,** 1987), les méthodes utilisant des solvants non organiques essentiellement la méthode de la précipitation saline « salting-out » décrite par Miller et al. (1988) et les méthodes basées sur l'utilisation de micro colonnes de résines échangeuses d'ions contenant une résine de silice qui se lie sélectivement à l'ADN Cette dernière est la moins utilisée (Bienvenu et al., 1999), elle présente une alternative quand les méthodes classiques ne sont pas adaptées au laboratoire comme la non disponibilité de l'équipement nécessaire à la manipulation de produits toxiques comme le phénol. Quelque soit le protocole d'extraction de l'ADN utilisée, il devrait permettre d'optimiser la récupération de l'ADN et de minimiser les inhibiteurs de PCR. De même, le nombre d'étapes devrait être minimisé afin de réduire le risque de contamination.

IV-3-1- La réaction de polymérisation en chaîne

L'apparition de la technique d'amplification élective *in vitro* de séquences d'ADN (PCR) est un progrès considérable dans l'histoire de la biologie moléculaire. Cette technique a été conçue dés 1985 par K. Mullis (Kaplan et Delpech, 2007) et a connu un essor considérable en 1988 avec la commercialisation d'une DNA polymérase résistante aux températures élevées, la Taq polymérase ; ce qui a permis l'automatisation de la procédure (Kaplan et Delpech, 2007). La PCR permet d'amplifier sélectivement un fragment d'ADN et d'en faire un nombre infini de copies en la présence de deux amorces oligonucléotidiques encadrant de part et d'autre la séquence à amplifier et sur des brins opposés et d'une ADN polymérase thermorésistante (la Taq polymérase) qui catalyse la réaction de synthèse d'ADN. Les principes de la technique PCR ont été détaillés par Mullis et al. (1986) et Mullis et Faloona (1987). L'amplification en PCR nécessite la répétition, dans un thermocycleur, de 30 à 40 cycles comprenant chacun trois grandes étapes (Semagn et al., 2006) :

• une dénaturation de l'ADN double-brins à une température élevée (92- 95°C) pour obtenir un ADN simple brin qui servira de matrice pour les étapes suivantes.

• une hybridation : les amorces s'apparient à l'ADN simple brin par complémentarité au niveau des extrémités flanquant la séquence cible. La température d'hybridation des amorces est variable selon les conditions de l'amplification, elle est en général proche de la température de fusion (*Tm*) déterminée par la formule suivante $Tm = 4(G+C)+2(A+T)$ (Messaoud, 2005).

• une élongation à 72°C : l'ADN polymérase, dirigée par les amorces, catalyse la synthèse de nouvelles molécules d'ADN double-brins identiques au matériel de départ (figure 9). A chaque cycle, le nombre d'exemplaires de la séquence encodée par les deux amorces est multiplié par deux; au $n^{ième}$ cycle le nombre de séquences est 2^n (Kaplan et Delpech, 2007).

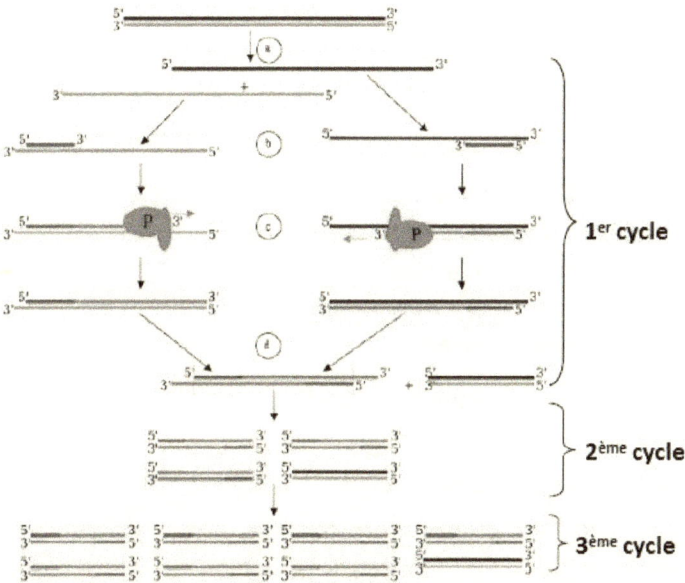

Figure 9: Les différentes étapes de réaction de polymérisation en chaine (PCR).

(a) : étape de dénaturation à 92-95°C ; (b) étape d'hybridation de l'amorce (37-68°C selon la technique ; (c) étape d'élongation à 72°C, (P= Taq polymérase) ; (d) fin du premier cycle avec deux brins d'ADN. Les deux brins d'ADN néoformés constituent la matrice d'ADN pour le prochain cycle, doublant ainsi la quantité d'ADN à chaque nouveau cycle (adapté d'après Semagn et al., 2006).

IV-3-2- PCR-RFLP

La technique PCR-RFLP est l'association entre la technique PCR et l'observation de polymorphismes sur des fragments digérés par des enzymes de restriction (Rahim et al., 2012). L'utilisation de la PCR permet d'amplifier une région définie du génome puis d'appliquer la technique RFLP au produit PCR. Le produit PCR est soumis à une (ou des) enzyme de restriction qui coupe la molécule à des endroits précis, définis par une séquence de bases, appelé sites de restriction. Toute modification par mutation dans la séquence du site de restriction empêche l'action de l'enzyme. Cette non-coupure de l'ADN est détectée par une variation du nombre et de la longueur des fragments d'ADN (fragments de restriction) obtenus après digestion enzymatique, le produit de la digestion est simplement mis à migrer dans un gel d'agarose et le polymorphisme de la position et du nombre de bandes est visualisé par une réaction colorée (Bromure d'éthidium BET) (figure 10).

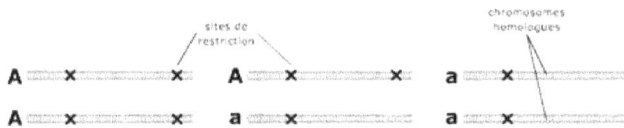

Après PCR, l'ADN amplifié est coupé par une ou plusieurs enzymes de restriction. Un polymorphisme de séquence au niveau des sites de coupure génère des fragments d'ADN différents en nombre et en taille, ce qui est révélé par électrophorèse.

Figure 10: Principe de technique PCR-RFLP.

IV-3-3- Répétitions en tandem en nombre variable (VNTR)

Il existe dans le génome des eucaryotes des séquences nucléotidiques répétées en tandem les unes à la suite des autres. Le nombre de répétition est extrêmement variable entre individus d'où leur nom de VNTR (Variable Number of Tandem Repeat) (Jeffreys et al., 1985). Selon la taille du motif, on distingue les satellites, les minisatellites et les microsatellites. Les microsatellites (Litt et Luty, 1989), appelés également SSR *(Simple Sequence Repeats)* sont constitués de répétitions en tandem de motifs mono, di, tri ou tétranucléotidiques. Les plus courantes sont (A)n, (AT)n, (GA)n, (GT)n, (TAT)n, (GATA)n, etc., la valeur de n pouvant aller de quelques unités à plusieurs dizaines. Outre leur distribution sur l'ensemble du génome, l'intérêt en génétique des microsatellites réside dans leur polymorphisme extrêmement élevé. L'amplification des microsatellites en PCR nécessite la présence de deux amorces sens et anti-sens. Les fragments PCR sont généralement séparés sur gel de polyacrylamide en présence de nitrate d'argent (AgNO$_3$). Le gel d'agarose (généralement 3%) avec bromure d'éthidium peut être également utilisé quand la différence de taille entre les différents allèles est supérieure à 10 paires de base (Semagn et al., 2006).

IV-3-4- RAPD-PCR

La technique des marqueurs RAPD se base sur l'étude du polymorphisme de l'ADN après une amplification au hasard de segments de l'ADN avec des amorces dont la séquence des nucléotides est choisie d'une façon aléatoire. L'amorce s'hybride sur des brins opposés de l'ADN génomique à une distance permettant l'amplification (généralement inférieure à 3000 paires de bases). Deux critères essentiels ont été décrits par williams et al. (1990) pour le choix de l'amorce : une teneur en GC supérieure à 40% et l'absence de séquence palindromique (séquence d'ADN qui se lit de la même façon de droite à gauche ou de gauche à droite ; exemple ATTGCCGTTA). Les marqueurs RAPD sont héritables selon la loi mendélienne et le polymorphisme révélé est de type discret (présence/absence). Ces marqueurs peuvent être utilisés pour construire les cartes génétiques chez différentes espèces (Williams et al., 1990; Welsh et McClelland, 1990). Cette technique a été utilisée pour étudier la diversité génétique de variétés tunisiennes d'orge (Abdellaoui et al., 2007), de races ovines en Egypte (Ali, 2003) et en Turquie (Elmaci et al., 2007), chez des bactéries (Ozbey et al., 2004), des espèces de poisson au Portugal (Pereira et al., 2010) et en Inde (Saini et al., 2011), chez des variétés de riz au Pakistan (Sultana et al., 2005) et même pour l'étude de la pollution de l'environnement (Gupta et Sarin, 2009). Ces marqueurs présentent les avantages d'être neutres, largement répartis sur le génome, hautement polymorphes et le coût de cette technique est relativement réduit (Williams et al., 1990; Wooliams et Toro, 2007). Le principe de la technique RAPD est illustré dans la figure 11.

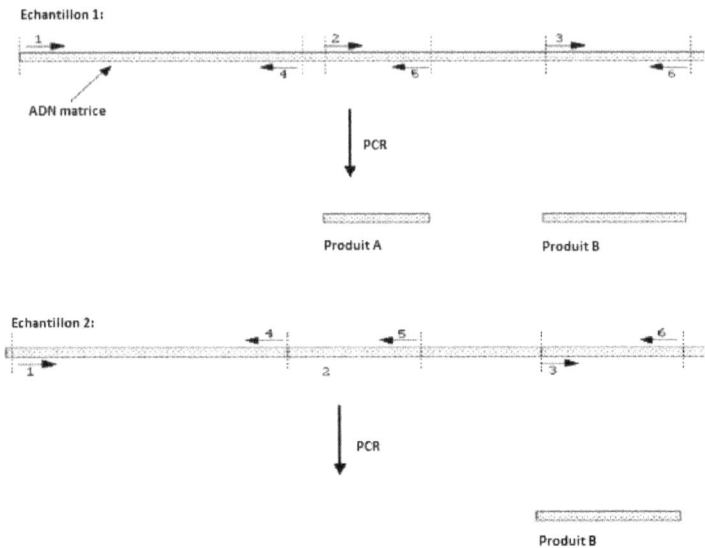

Figure 11: Principe de la technique RAPD-PCR ; La réaction a lieu si deux amorces s'hybrident à l'ADN dans une orientation particulière (dirigées l'une vers l'autre) et à une distance permettant l'amplification. Les flèches représentent plusieurs copies d'une même amorce et sont dirigées dans le sens de la synthèse de l'ADN. Les chiffres représentent les sites d'hybridation des amorces sur l'ADN matrice. Pour l'échantillon 1: les amorces s'hybrident aux sites 1, 2 et 3 et aux sites 4, 5 et 6 respectivement sur le brin supérieur et inférieur de l'ADN matrice. Deux produits d'amplification sont formés: (i) le produit A formé par amplification de la séquence d'ADN qui se situe entre les amorces liées aux positions 2 et 5, (ii) le produit B est obtenu par amplification de la séquence d'ADN qui se situe entre les amorces liées aux positions 3 et 6. Aucun produit n'a été amplifié par les amorces liées aux positions 1 et 4 parce que ces amorces sont trop éloignées pour permettre une réaction d'amplification. Aucun produit n'est obtenu par les amorces liées aux positions 4 et 2 ou les positions 5 et 3 parce que ces paires d'amorces ne sont pas orientées l'une vers l'autre. Pour l'échantillon 2, l'amorce ne s'hybride pas à la position 2 et l'amplimère obtenu résulte de la liaison des amorces aux sites 3 et 6.

IV-3-5- Principe de la technique AFLP

La technique AFLP combine la puissance de la technique RFLP et la flexibilité de la PCR basée sur la digestion, en premier temps de l'ADN génomique par des enzymes de restriction puis la fixation d'adaptateurs à chaque extrémité des produits de digestion (Lynch et Walsh, 1998). La principale caractéristique de l'AFLP est sa capacité à représenter l'ensemble du génome en dépistant des régions d'ADN informatives (les sites de restriction) et répartis de façon aléatoire sur l'ensemble du génome (Semagn et al., 2006). Les marqueurs AFLP peuvent être générés chez tout organisme sans connaissance préalable de l'amorce utilisée ou des régions amplifiées. La méthodologie de la technique a été décrite par plusieurs auteurs (Blears et al., 1998; Mueller et Wolfenbarger, 1999; Ridout and Donini, 1999). La première étape d'AFLP consiste en une digestion de l'ADN (à peu près 500 ng) par deux types d'enzymes: les enzymes à restrictions rares (EcoRI ou PstI) et les enzymes à restrictions fréquentes (MseI ou TaqI). Des adaptateurs oligonucléotidiques sont ensuite fixés aux deux extrémités des fragments. Ces adaptateurs sont de séquence connue et permettent de définir l'enchaînement nucléotidique des amorces qui vont s'hybrider avec eux lors de l'amplification en PCR (figure 12).

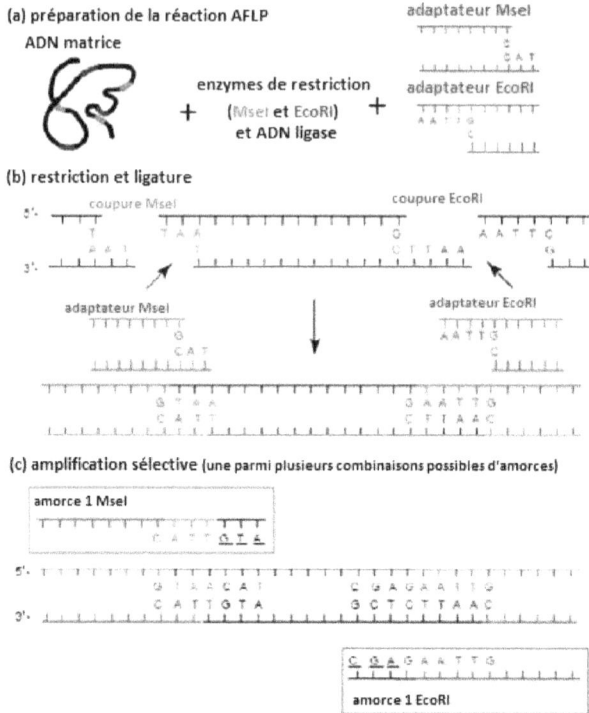

(a) préparation de la réaction AFLP
ADN matrice
adaptateur MseI
enzymes de restriction
(MseI et EcoRI)
et ADN ligase
adaptateur EcoRI

(b) restriction et ligature
coupure MseI
coupure EcoRI
adaptateur MseI
adaptateur EcoRI

(c) amplification sélective (une parmi plusieurs combinaisons possibles d'amorces)
amorce 1 MseI
amorce 1 EcoRI

Figure 12: Les étapes de l'analyse AFLP; une faible quantité d'ADN est digérée par deux enzymes de restriction (a), et des adaptateurs se fixent à chaque extrémité (b). Les extrémités de chaque fragment adapté sont formées d'une séquence adaptatrice (en rouge) et du reste de la séquence de restriction (en bleu et vert). Une amplification PCR est ensuite effectuée à l'aide d'amorces qui s'hybrident avec les adaptateurs et qui comportent en plus quelques bases choisies au hasard (c, en noir) (adaptée d'après Mueller et Wolfenbarger, 1999 ; Semagn et al., 2006).

IV-3-6- Le séquençage

Le séquençage de l'ADN permet de déterminer l'enchainement des nucléotides qui le composent. Cette technique a été inventée simultanément et indépendamment par Sanger et ses collaborateurs (Sanger et al.,1977) et Maxam et Gilbert (1977). Cette technique offre des résultats hautement reproductibles et informatifs. Kreitman (1983) a séquencé le gène de la déshydrogénase alcoolique (*Adh*) chez 11 individus de drosophile (*Drosophila melanogaster*).

Adh est une enzyme communément utilisée dans les études allozymiques. Neuf parmi les onze séquences se sont révélées différentes d'un individu à l'autre et un total de 43 sites nucléotidiques polymorphes ont été identifiés. En revanche, seulement deux allèles du gène Adh ont été détectés chez cette espèce par la technique allozymique, montrant que le séquençage de l'ADN est hautement informatif comparé à d'autres techniques. Avec l'apparition de la PCR et des séquenceurs automatiques, les études du polymorphisme nucléotidique (SNP, de l'anglais single nucleotide polymorphism) par séquence sont devenues de plus en plus attrayantes. Les SNP sont des marqueurs largement distribués sur le génome et sont très intéressants pour les études de diversité génétique chez les animaux d'élevage (Pariset et al., 2006) et les végétaux (Yu et al., 2002, Wickert et al., 2007); les marqueurs SNP offrent la résolution la plus élevée possible des différences génétiques (Morin et al., 1999).

IV-4- Les facteurs conduisant à la réduction de la diversité génétique

Deux facteurs essentiels sont à l'origine de la diminution de la diversité génétique: la consanguinité et la taille réduite des populations.

IV-4-1- La consanguinité

La consanguinité est le résultat d'un mode de reproduction non aléatoire et qui se caractérise par des croisements entre individus apparentés ce qui entraine une modification de la structure génétique d'une population en augmentant l'homozygotie et en diminuant, par conséquent l'hétérozygotie (Bonnes et al. 1991). On distingue deux notions de consanguinité : la consanguinité systématique et la consanguinité panmictique. La première est due à un choix non aléatoire du partenaire sexuel mesuré comme un écart à l'équilibre d'Hardy-Weinberg alors que la seconde est la conséquence de la baisse d'effectif au sein de la population et fait référence à la probabilité non nulle que deux gènes d'un individu soient identiques par descendance au sein d'une population panmictique de taille finie (Glémin 2003; Leberg et Firmin 2008).

Chez les animaux d'élevage, la sélection à travers plusieurs générations des individus à haut potentiel de production limite l'effectif des reproducteurs. L'union entre individus apparentés devient alors de plus en plus fréquente et conduit à une augmentation de la consanguinité. Les individus sont alors plus homogènes, et la variabilité génétique diminue ; ceci entraîne la fixation des allèles récessifs délétères, la diminution du potentiel évolutif et de la capacité de résister aux maladies. Ces effets, inévitables, de la consanguinité constituent ce qu'on appelle la dépression de consanguinité.

Selon Slate et al. (2004), la meilleure méthode de l'estimation de la consanguinité d'un individu serait par le biais de l'analyse du pedigree et la détermination du coefficient de consanguinité ; ce dernier est défini comme étant la probabilité d'avoir deux allèles identiques en un locus donné par descendance (Identity By Descent). Cette méthode nécessite la reconstruction des liens de parenté entre individus au fil de plusieurs générations et le recueil de ces informations n'est pas toujours possible dans les études de la diversité génétique. L'utilisation de la notion de la consanguinité relative (F) décrite par Hartl et Clark (1997) est donc souvent utilisée, suivant la formule: $F = 1 - (Ho/He)$; où Ho est l'hétérozygotie observée et He l'hétérozygotie attendue suivant la loi d'Hardy-Weinberg, pour une population idéale se reproduisant de manière aléatoire.

IV-4-2- La taille réduite des populations

Dans les petites populations, la possibilité de reproduction entre individus apparentés devient fréquente puisque l'effectif est limité et la consanguinité panmictique devient inévitable. Plusieurs auteurs ont annoncé que de telles populations sont fortement soumises à la dérive génétique (Falconer et Mackay 1996; Charlesworth et Charlesworth 1999). La notion de dérive génétique a été introduite par Wright en 1931 et définie comme la fluctuation des fréquences alléliques au sein d'une population causée par des phénomènes aléatoires et imprévisibles. La dérive génétique devient forte dans une population à effectif réduit et le passage d'une génération à l'autre est marqué par l'élimination de certains allèles et conduit à une augmentation de l'homozygotie à travers la perte d'allèles rares et la fixation d'allèles (Falconer et Mackay 1996; Charlesworth et Charlesworth 1999). Cette perte significative de la variabilité génétique influence hautement le potentiel d'adaptation de la population en réponse aux changements environnementaux (Knaepkens et al. 2004; Palstra et Ruzzante 2008).

CHAPITRE II

MATERIEL ET METHODES

I-   Races échantillonnées

96 échantillons de sang ont été prélevés sur tubes EDTA à partir de la veine jugulaire d'animaux des deux sexes appartenant à deux races différentes la Barbarine (B) et la Queue fine de l'ouest (QFO) et vivant dans six régions (Béja, Bizerte, Tunis, Sousse, Sfax et Gabès). Un seul échantillon a été prélevé par troupeau afin d'éviter la consanguinité. 16 échantillons par localité ont été considérés. La répartition géographique des échantillons analysés et les caractéristiques géographiques et climatiques des zones d'échantillonnage sont décrites dans la figure 13 et le tableau 5.

Figure 13: Carte de la Tunisie. Répartition géographique des échantillons analysés; les symboles ♦, ● et ■ indiquent respectivement les étages bioclimatiques subhumide, semi-aride à hivers doux et aride à hivers doux.

Tableau 5: Caractéristiques géographiques et climatiques des différentes zones d'échantillonnage.

Localité	Position par rapport à la dorsale	Etage bioclimatique	Latitude (N)	Longitude (E)	Pluviométrie (mm/an)
Bizerte	Nord	SH	37°16'	9°52'	>600
Béja	Nord	SH	36°43'30''	9°10'55''	>600
Tunis	Nord	SAHD	36°47'51''	10°09'57''	400-600
Sousse	Sud	SAHD	35°49'34''	10°38'24''	300-400
Sfax	Sud	AHD	34°44'	10°46'	<250
Gabès	Sud	AHD	33°53'	10°07'	<200

SH (sub-humide), SAHD (semi aride à hiver doux), AHD (aride à hiver doux).

II- Extraction de l'ADN

L'extraction de l'ADN a été réalisée à l'aide d'un kit d'extraction de l'ADN à partir du sang (Blood DNA Preparation Kit, JENA BIOSCIENCE, Cat-No PP-205), la méthode du kit se déroule en quatre étapes :

II-1- Lyse des cellules

A 300 µl de sang, on ajoute 900 µl de la solution « RBC lysis Solution », on incube pendant 3 minutes à température ambiante en inversant les tubes délicatement de temps en temps. Après centrifugation à 15000g pendant 30 secondes, on élimine le surnageant à l'aide d'une pipette. Cette phase permet l'éclatement des globules rouges, on agite le tube au vortex pendant 10 secondes pour suspendre les globules blancs dans le liquide résiduel. On ajoute alors 300 µl de la « Cell lysis Solution » et on pipette haut et bas pour lyser les lymphocytes.

II-2- Précipitation des protéines

On ajoute dans les tubes 100 µl de la solution « protein precipitation solution », on agite au vortex pour bien mélanger et on centrifuge pendant une minute à 15000g. A ce stade on voit le précipité de protéines dense et foncé.

II-3- Précipitation de l'ADN

Le surnageant est récupéré dans des tubes contenant 300 µl d'isopropanol > 99%. On inverse les tubes 50 fois, ensuite on centrifuge pendant une minute à 15000g.

A cette étape l'ADN est visible sous forme de méduse. On élimine le surnageant et on laisse le tube drainer sur un papier absorbant. On ajoute 300 µl d'éthanol 80% en inversant le tube pour laver l'ADN, ensuite on centrifuge pendant une minute à 15000g. On élimine l'éthanol et on laisse sécher à température ambiante pendant 15 minutes.

II-4- Hydratation de l'ADN

On ajoute 200 µl de la solution « DNA Hydratation Solution », on agite au vortex pendant 5 secondes. Par la suite, l'échantillon est incubé à 65°C pendant 20 minutes. L'ADN est alors stocké à -20°C.

Cependant, en utilisant le protocole décrit par le fabricant du Kit décrit ci-dessus, nous avons obtenu un ADN de mauvaise qualité, nous avons donc optimisé ce protocole (voir résultats).

II-5- Conditions de l'électrophorèse

Le gel d'agarose est préparé en mélangeant 0,6 gramme d'agarose en poudre et 50 millilitres de tampon de gel (T.B.E.1X : Tris Borate EDTA, voir annexe). Le mélange est chauffé à feu doux jusqu'à ébullition avec des agitations manuelles. Après que le gel se refroidisse un peu, on ajoute 5 µl de B.E.T. (Bromure d'éthidium, annexe). Le B.E.T. est un agent intercalant qui permet la visualisation des bandes d'ADN en présence d'une source d'U.V. La solution de T.B.E. (Tris-Borate-EDTA) sert de tampon de gel et de tampon de migration. Six µl de chaque tube contenant l'ADN génomique de différents individus sont mélangés avec 2 µl de bleu de migration (annexe) puis déposés dans les puits, la migration se déroule en présence d'un témoin négatif (Le témoin négatif contient tous les réactifs à l'exception de l'ADN matrice) et un marqueur de poids moléculaire. L'électrophorèse est alimentée par un courant de 50Volts pendant 25 minutes. Après migration, le gel est visualisé en U.V.

III- Optimisation des conditions de l'amplification aléatoire de l'ADN polymorphe

Pour optimiser le protocole de la technique RAPD, nous avons utilisé l'ADN provenant de 40 ovins tirés au sort et appartenant aux deux principales races ovines tunisiennes. Des pools de gènes de chaque race ont été utilisés pour optimiser les conditions d'amplification en PCR en utilisant cinq amorces du kit Opéron Technologies (OPA01→ OPA05).

III-1- Optimisation des paramètres internes de la réaction

Pour optimiser les conditions internes de la RAPD-PCR, plusieurs milieux réactionnels ont été essayés en faisant varier à chaque fois la concentration d'un seul constituant de la réaction. Chaque essai a été répété trois fois afin de s'assurer de la répétabilité des résultats. La composition des différents milieux réactionnels testés (M1, M2, M3, M4, M5, M6 et M7) est donnée dans le tableau 6. Cette optimisation a été effectuée en utilisant le programme d'amplification décrit par Williams et al. (1990).

Tableau 6: Milieux réactionnels utilisés pour l'optimisation de la technique RAPD.

	M1	M2	M3	M4	M5	M6	M7
Tampon 10x(µl)	5	5	5	5	5	5	5
$MgCl_2$ (mM*)	2	2	2	2	2	3	3,5
dNTP(µM*)	200	200	200	100	150	100	100
Amorces (µM*)	0,2	0,8	1,6	0,8	0,8	0,8	0,8
Taq (U)	1,25	1,25	1,25	1,25	1,25	1,25	1,25
ADN(ng)	30	30	30	30	30	30	30
H_2O	q.s.p. 50 µl						

*(1M= 1 mole par litre)

III-2- Optimisation du programme d'amplification par PCR

Après avoir optimisé les conditions internes de la réaction, nous avons testé des programmes d'amplification différents décrits dans la littérature afin de retenir celui qui donne le meilleur rendement :

- Programme 1(P1) (Ali, 2003) : Ce programme démarre par une dénaturation initiale à 94°C pendant deux minutes suivie de 45 cycles comprenant chacun une dénaturation à 94°C pendant 30 secondes, suivi d'une hybridation à 34°C pendant 30 secondes et une extension à 72°C pendant 30 secondes. Enfin une extension à 72°C pendant 10 minutes.

- Programme 2 (P2) (Elmaci et al., 2007) : L'amplification se compose d'une dénaturation initiale à 94°C pendant deux minutes suivie de 40 cycles comprenant chacun une dénaturation à 94°C pendant 01 minute, une hybridation à 35°C pendant une minute et une extension à 72°C pendant deux minutes. Enfin une extension à 72°C pendant 10 minutes.

- Programme 3(P3) (williams et al., 1990) : l'amplification se déroule en 45 cycles comportant chacun une dénaturation à 94°C pendant une minute, une hybridation à 36°C pendant une minute et une élongation à 72°C pendant deux minutes.

- Programme 4 (P4) : ce programme est similaire au (P2) sauf que l'extension finale dure deux minutes au lieu de 10 minutes.

III-3- Sélection des amorces polymorphes

Des pools de gènes de chaque population ont été amplifiés en utilisant vingt amorces RAPD du kit OPA décrites dans le tableau 7 (OPA01→ OPA20: Operon technologies). Nous rappelons que pour l'ensemble de ces amorces, nous avons opté pour le même couple (température, durée d'hybridation) (35°C, 1 min.). Ceci est intéressant quand on veut tester deux ou plusieurs amorces simultanément.

Tableau 7: Séquences des amorces utilisées et leur richesse en GC:

Amorce	Séquence 5'→3'	Pourcentage de GC
OPA-01	CAGGCCCTTC	70
OPA-02	TGCCGAGCTG	70
OPA-03	AGTCAGCCAC	60
OPA-04	AATCGGGCTG	60
OPA-05	AGGGGTCTTG	60
OPA-06	GGTCCCTGAC	70
OPA-07	GAAACGGGTG	60
OPA-08	GTGACGTAGG	60
OPA-09	GGGTAACGCC	70
OPA-10	GTGATCGCAG	60
OPA-11	CAATCGCCGT	60
OPA-12	TCGGCGATAG	60
OPA-13	CAGCACCCAC	70
OPA-14	TCTGTGCTGG	60
OPA-15	TTCCGAACCC	60
OPA-16	AGCCAGCGAA	60
OPA-17	GACCGCTTGT	60
OPA-18	AGGTGACCGT	60
OPA-19	CAAACGTCGG	60
OPA-20	GTTGCGATCC	60

IV -Analyses statistiques

Les données ont été enregistrées sous forme de matrice binaire en attribuant la valeur 1 quand la bande d'un niveau donné est présente et 0 quand elle est absente. Etant donné que les marqueurs RAPD sont dominants, il a été supposé que chaque bande représente le phénotype à un seul locus biallélique (Williams et al., 1990). Les paramètres utilisés pour effectuer les analyses statistiques de cette étude sont les suivants :

IV-1- Diversité génétique de Nei

Pour estimer la diversité génétique, nous avons calculé le taux d'hétérozygotie (H) (Nei, 1973) sous les conditions d'équilibre de Hardy-Weinberg (Clark et Lanigan, 1993). L'hétérozygotie observée (ho) d'une population correspond au nombre d'individus hétérozygotes pour un locus, divisé par le nombre total d'individus étudiés. Si plusieurs loci sont considérés, l'hétérozygotie moyenne (Ho), représentant la moyenne du taux d'individus hétérozygotes par population, sera la moyenne arithmétique de toutes les valeurs de ho. Cependant, quand on utilise des marqueurs dominants comme les marqueurs RAPD, il est impossible de déterminer le taux d'hétérozygotes observés. On détermine dans ce cas le taux d'hétérozygotie attendu (He). Hardy et Weinberg ont démontré de manière indépendante (en 1908) que l'hétérozygotie attendue dans une population pouvait s'estimer en fonction de la fréquence p et q des allèles observés *(A* et *a)* par: $p^2 + q^2 + 2pq = 1$ ou p^2 serait la fréquence des homozygotes *AA,* q^2 la fréquence des homozygotes *aa* et *2pq* la fréquence des hétérozygotes *Aa.* Ainsi Nei (1973) a défini un paramètre qui est utilisé pour estimer la diversité génétique, notée H. Ce paramètre est équivalent au taux d'hétérozygotie dans une population panmictique. Il représente la probabilité que deux allèles tirés au hasard dans la population soient différents. Par exemple, pour un locus à *A* allèles de fréquences respectives pi la diversité génétique de Nei s'écrit :

$$h = 1 - \sum_{i=1}^{A} pi^2$$

La formule est aisément généralisée à plusieurs locus, dans le cas où ceux-ci sont indépendants : le taux moyen d'hétérozygotie attendue sur un ensemble de locus (H) est égal à la simple moyenne des taux d'hétérozygotie attendue à chaque locus.

Nei définit ainsi la notion de la diversité génétique totale (Ht) et de la diversité génétique intra populations (Hs).

IV-2- Le coefficient de différenciation génique (Gst)

Ce paramètre défini par Nei (1973) traduit la proportion de la diversité génétique totale due à la variabilité entre les populations. Il est équivalent mais pas identique au F_{ST} de Wright (1943). Ce dernier se place en effet conceptuellement dans la situation d'un seul locus et d'un grand nombre de populations, alors que Nei prend la position inverse qui consiste à considérer plusieurs locus, dans l'idée d'apprécier la diversité du génome, sur un nombre limité de populations réelles (Ollivier, 2000). Gst est calculé par la formule:

$$Gst = \frac{Ht - Hs}{Ht}$$

IV-3- Le nombre de migrants effectifs par génération (Nm)

Il est estimé à partir de la valeur de (Gst)(McDermott et McDonald, 1993) par la formule :

$$Nm = 0,5 \frac{1 - Gst}{Gst}$$

IV-4- L'indice de Shannon

Ce paramètre, décrit par Lewontin (1972) permet également d'estimer la diversité génétique dans les populations et il est défini par la formule :

$$I = - \sum_{i=1}^{A} pi \, Ln(pi)$$

(Avec A: nombre de bandes (locus); pi: fréquence de la bande i dans une population)

IV-5- Pourcentage de locus polymorphes (P)

Ce paramètre est appelé également pourcentage de polymorphisme et est donné par la formule suivante:

$$P = \left(\frac{lp}{lt}\right) 100$$

(Avec lp: nombre de locus polymorphes ; lt: nombre total de locus)

IV-6- Identité et distance génétique de Nei (1978)

Les indices d'identité et de diversité génétique de Nei (1978) permettent de calculer respectivement la ressemblance et la dissemblance entre paires de populations ; ces paramètres sont une estimation non biaisée de l'identité et de la distance génétique standard de Nei (1972) quand l'échantillon considéré est de petite taille .

L'identité génétique pour un locus j (notée Ij) est calculée comme suit (Nei, 1978) :

$$I = \frac{Jxy}{\sqrt{(Jx\,Jy)}} \text{ , avec } Jx = \frac{2nx\sum_{i=1}^{k} xi^2 - 1}{2nx - 1} \text{ , } Jy = \frac{2ny\sum_{i=1}^{k} yi^2 - 1}{2ny - 1} \text{ et } Jxy = \sum_{i=1}^{k} xi\,yi$$

(Avec nx et ny l'effectif des individus dans les populations x et y respectivement) ; la distance génétique de Nei (1978) s'écrit :

$$D = -Ln\,I$$

IV-7- Dendrogramme UPGMA

Pour décrire les relations phylogénétiques entre les différentes populations, des dendrogrammes ont été établis à partir des distances génétiques de Nei et Li, (1978) en utilisant la méthode de groupe de paire non pondéré (UPGMA, de l'anglais Unweighted Pair-Group Method of Arithmetic Averages).

L'ensemble des analyses sus-citées (paragraphes:IV-1, IV-2, IV-3, IV-4, IV-5, IV-6 et IV-7) a été effectué en utilisant le programme Popgen 3.2 (Population Genetic Analysis) version 1.32 (Yeh et Boyle, 1997).

De même, un dendrogramme UPGMA regroupant l'ensemble des individus a été réalisé en utilisant le programme MVSP (Kovach, 2003).

IV-8- Analyse moléculaire de la variance

La structure génétique et la différenciation des populations peuvent être étudiées en faisant recours à une analyse hiérarchique de la variance moléculaire (AMOVA). Cette analyse se base à la fois sur la fréquence des haplotypes et sur le nombre de mutations entre haplotypes. Elle est réalisée à l'aide du programme Arlequin version 3.0 (Excoffier et al., 2005). Une matrice euclidienne de distances à deux dimensions entre tous les haplotypes est calculée dans un premier temps. L'analyse hiérarchique de la variance répartit ensuite la variance totale en divers composants de variances qui expriment la proportion de la variance totale attribuée à différents niveaux de subdivision de population. En regroupant les populations, l'utilisateur définit la structure qui doit être testée.

La variance moléculaire totale σ_T^2 est la somme des variances dues:

- aux différences entre haplotypes à l'intérieur d'une population (σ_c^2)
- aux différences entre haplotypes dans les différentes populations à l'intérieur d'un groupe (σ_b^2)
- aux différences entre les groupes définis à priori selon des critères non génétiques (régionaux, linguistiques…) (σ_a^2)

Sur cette base, les indices de fixation: F_{ST} correspondant à la variance attribuée à la variabilité intra-population, F_{SC} correspondant à la variabilité entre les populations à l'intérieur des groupes définis et F_{CT} correspondant à la variabilité entre les groupes définis sont calculés selon les formules suivantes (Wright, 1951):

$$F_{ST} = \frac{\sigma_a^2 + \sigma_b^2}{\sigma_T^2}$$

$$F_{SC} = \frac{\sigma_b^2}{\sigma_b^2 + \sigma_c^2}$$

$$F_{CT} = \frac{\sigma_a^2}{\sigma_T^2}$$

L'indice de fixation F_{ST} estimé selon la méthode de Weir et Cockerham (1984), la significativité des indices de différenciation génétique a été évaluée après 1000 permutations aléatoires. Le seuil de signification a été fixé à 1% pour toutes les analyses.

IV-9- Indices de similarités de Nei et Li (1979)

Un dendrogramme UPGMA regroupant l'ensemble des individus a été établi à partir des indices de similarités génétiques de Nei et Li (1979) entre paires d'individus. Ces analyses ont été effectués en utilisant le programme MVSP (Kovach, 2003). Kosman et Leonard (2005) ont expliqué que le coefficient de similarité de Nei et Li (1979) appelé également coefficient

57

de Nei et Li(1979) (de l'anglais, Nei and Li coefficient) est égal à l'indice de similarité de Dice (1945) et qui est défini par :

$$Sij = \frac{2n_{11}}{(2n_{11} + 2n_{01} + 2n_{10})}$$

où n_{11} est le nombre de bandes communes aux deux individus i et j, n_{01} est le nombre de bandes propres au premier génotype i et n_{10} désigne le nombre de bandes détectées uniquement chez le deuxième génotype j.

La distance génétique (D) de Nei et Li (1979) entre deux individus i et j est définie par la formule suivante :

$$Dij = 1 - Sij$$

CHAPITRE III

RÉSULTATS

A- Résultats de l'optimisation des conditions opératoires

I- Optimisation du protocole d'extraction de l'ADN

En utilisant le protocole décrit par le fabricant du Kit, nous avons obtenu un ADN de mauvaise qualité, très contaminé par les protéines, ceci s'est traduit par des valeurs de densité optique élevées à la longueur d'onde 280 nm et un rapport DO260/DO280 très bas variant de 0,7 à 0,9. Nous avons opté à effectuer plusieurs lavages avec de l'eau distillée après l'éclatement des globules rouges par la solution RBC et de répéter cette étape jusqu'à l'obtention d'un culot propre débarrassé de toute trace d'hémoglobine. De même, on a prolongé le temps nécessaire à l'hydratation de l'ADN pour avoir des échantillons homogènes. En effet, en suivant le protocole décrit par le fabricant, on a constaté que l'ADN n'était pas complètement dissous dans la solution d'hydratation, ceci se voyait en remarquant la différence de l'importance de la bande d'ADN pour un même échantillon en contrôlant sa qualité en gel d'agarose (figure 14). Ces modifications apportées au protocole d'extraction ont amélioré la qualité de l'ADN et ont rendu son amplification possible en PCR. En effet, nous avons obtenu un rapport DO260/DO280 variant de 1,78 à 1,93 après l'optimisation du protocole. Pour la lecture de la spectrophotométrie, nous avons effectué une dilution au 1/10 c'est-à-dire que nous avons pris 100 µl de la solution contenant l'ADN et 900 µl de la solution d'hydratation de l'ADN. Cette dernière a été utilisée comme blanc pour régler le zéro.

Tableau 8: Contrôle de la qualité de l'ADN en spectrophotométrie avant l'optimisation du protocole d'extraction.

Echantillon	E1	E2	E3	E4	E5	E6	E7	E8	E9	E10
DO260	0,11	0,23	0,31	0,25	0,37	0,25	0,36	0,27	0,34	0,28
DO280	0,15	0,28	0,42	0,29	0,41	0,28	0,46	0,31	0,45	0,31
R	0,73	0,82	0,74	0,86	0,9	0,89	0,78	0,87	0,76	0,9

R=DO260/DO280

Tableau 8 (Suite): Contrôle de la qualité de l'ADN en spectrophotométrie avant l'optimisation du protocole d'extraction.

Echantillon	E11	E12	E13	E14	E15	E16	E17	E18	E19	E20
DO260	0,29	0,33	0,29	0,23	0,31	0,29	0,36	0,39	0,4	0,3
DO280	0,41	0,38	0,33	0,3	0,35	0,4	0,42	0,44	0,45	0,35

| R | 0,71 | 0,87 | 0,88 | 0,77 | 0,89 | 0,73 | 0,86 | 0,89 | 0,89 | 0,86 |

R=DO260/DO280

Tableau 9: Contrôle de la qualité de l'ADN en spectrophotométrie après l'optimisation du protocole d'extraction.

Echantillon	E1	E2	E3	E4	E5	E6	E7	E8	E9	E10
DO260	0,17	0,13	0,25	0,27	0,29	0,27	0,38	0,31	0,37	0,19
DO280	0,09	0,07	0,13	0,15	0,16	0,15	0,21	0,16	0,21	0,1
R	1,89	1,86	1,92	1,8	1,81	1,8	1,81	1,94	1,76	1,9

R=DO260/DO280

Tableau 9 (suite): Contrôle de la qualité de l'ADN en spectrophotométrie après l'optimisation du protocole d'extraction.

Echantillon	E11	E12	E13	E14	E15	E16	E17	E18	E19	E20
DO260	0,25	0,30	0,18	0,28	0,22	0,26	0,27	0,39	0,21	0,36
DO280	0,13	0,17	0,1	0,16	0,12	0,14	0,14	0,20	0,11	0,19
R	1,92	1,76	1,8	1,75	1,83	1,86	1,93	1,95	1,91	1,89

R=DO260/DO280

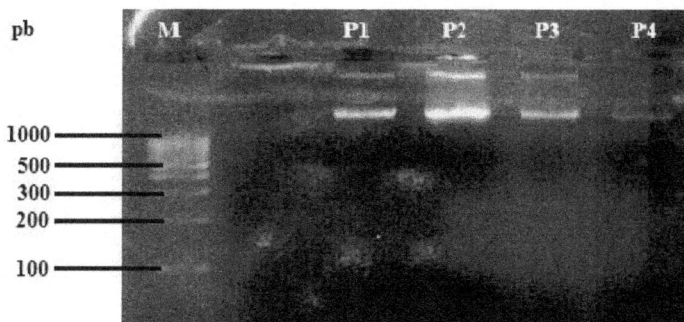

Figure 14: profil électrophorétique de l'ADN après optimisation.

M: marqueur de poids (témoin positif); P1, P2, P3 et P4: dépôts du même échantillon d'ADN; quantité d'ADN déposée par puit: 6µl.

II- Optimisation des conditions de l'amplification aléatoire de l'ADN polymorphe

Nous avons constaté que le milieu réactionnel M6 a donné les meilleurs produits d'amplification (figure 15, tableau 6).

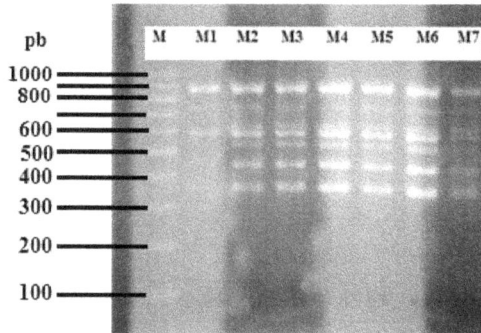

Figure 15: Optimisation des conditions internes de la réaction d'amplification en utilisant un pool de gène de l'espèce ovine et l'amorce OPA01; M : marqueur de poids ; M1 à M7: milieux réactionnels testés; quantité d'ADN déposée par puit: 6µl.

Dans le but d'optimiser les conditions de la réaction RAPD-PCR, nous avons essayé trois concentrations différentes afin d'optimiser la concentration en amorce: 0,2 µM utilisée par Williams (1990) en amplifiant l'ADN de différentes espèces par la technique RAPD, 0,8 µM (Kadri et al., 2006) utilisée chez l'amandier et 1,6 µM utilisé par Messouad (2005) chez des variétés de myrtes en Tunisie. La première concentration n'a pas permis de générer un produit d'amplification de qualité, alors que les deux autres concentrations ont donné des résultats identiques. Nous avons continué les essais en utilisant une concentration en amorce de 0,8 µM du fait qu'elle est parcimonieuse. Quant à la dNTP, une concentration de 200 µM (M2) utilisée par Chaaba (2006) pour l'amplification de l'ADN humain n'a pas donné les meilleurs résultats. Les bandes les plus intenses ont été obtenues avec une concentration en dNTP de 100 µM, ceci corrobore les résultats de Williams et al. (1990) et pourrait s'expliquer par le fait que les amorces RAPD sont de courte séquence et qu'à forte concentration les dNTP pourraient être à l'origine d'une compétition vis-à-vis de l'amorce. Après avoir fixé les concentrations en amorce et en dNTP, nous avons essayé trois concentrations différentes en MgCl$_2$ et nous avons retenu le milieu réactionnel contenant une concentration égale à 3 mM (M6). En effet, à une concentration égale à 3,5 mM (Ozbey et al., 2004) (M7) l'amplification était faible.

Quant aux programmes d'amplification, une légère différence en faveur du programme décrit par Elmaci et al. (2007) est observée par rapport à celui décrit par Williams et al. (1990). Bien qu'il soit le plus rapide, le programme décrit par Ali (2003), n'a pas donné une bonne qualité d'amplimères (Figure 16). Par la suite, nous avons réduit la durée de l'élongation finale à deux minutes au lieu de 10 minutes. Nous avons constaté que cela n'a pas influencé la qualité des amplimères. Nous avons donc retenu le programme (P4) tel que décrit au chapitre matériel et méthodes (paragraphe III-2).

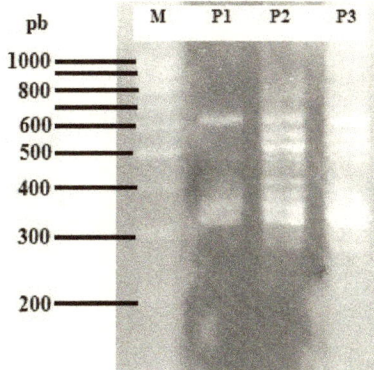

Figure 16: Optimisation du programme d'amplification en utilisant un pool de gènes de l'espèce ovine et l'amorce OPA03; M : marqueur de poids; P1 à P3: programmes d'amplification testés.

En conclusion, les amplifications en PCR ont été réalisées dans un milieu réactionnel de volume 50 µl contenant 30 ng d'ADN génomique, 0,8 M d'amorce, 100 µM de dNTP (dNTP Mix, Jena Bioscience), 3 mM de MgCl2, 1,25 unité de Taq DNA polymérase (Ultratools DNA polymérase, Biotools) et 5 µL de tampon Taq (10X). Afin de détecter toute contamination, des réactions de contrôle ne contenant pas l'ADN génomique ont été effectuées à chaque amplification. Les réactions RAPD-PCR ont été conduites dans un thermocycleur programmé pour effectuer 40 cycles de 94°C pendant 1 minute, 35°C pendant 1 minute et 72°C pendant 2 minutes. Une étape de dénaturation initiale de 2 minutes à 94°C et une étape d'extension finale de 2 minutes à 72°C ont été incluses, respectivement, dans le premier et le dernier cycle.

III- Sélection des amorces polymorphes

Seules les amorces qui ont généré des bandes polymorphes et reproductibles ont été sélectionnées pour le typage individuel de tous les animaux (figures 17, 18 et 19). En effet, l'étape de sélection des amorces polymorphes est nécessaire dans toute étude de la diversité génétique ayant recours à la technique RAPD (Elmaci et al., 2007, Messaoud et al., 2007; Rajeb et al., 2010 ; Chograni et Boussaid, 2011).

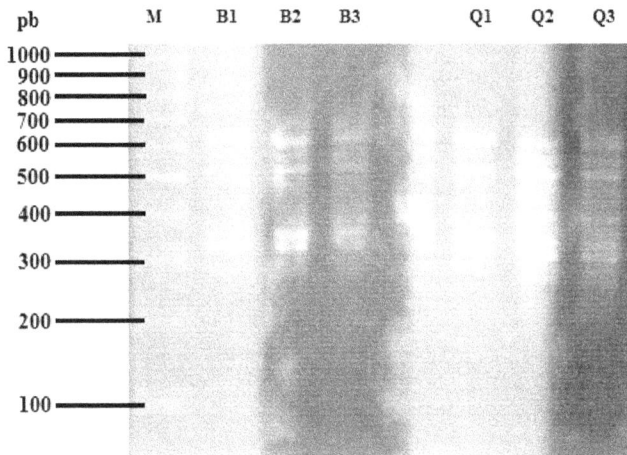

Figure 17: Amplification de pools de gènes de la race Barbarine et de la race Queue fine de l'ouest avec l'amorce OPA03; M : marqueur de poids; B1, B2 et B3: pools de gènes de la race Barbarine; Q1, Q2 et Q3: pools de gènes de la race Queue fine de l'ouest.

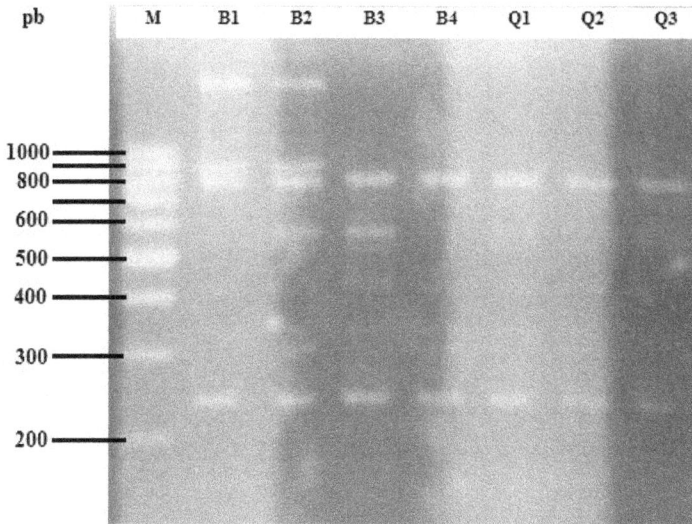

Figure 18: Produit d'amplification de l'ADN ovin avec l'amorce OPA02, en utilisant un pool de gènes de la race Barbarine et de la race Queue fine de l'ouest; M: marqueur de poids; B1, B2, B3 et B4: pools de gènes spécifiques à la race Barbarine ; Q1, Q2 et Q3: pools de gènes spécifiques à la race Queue fine de l'ouest.

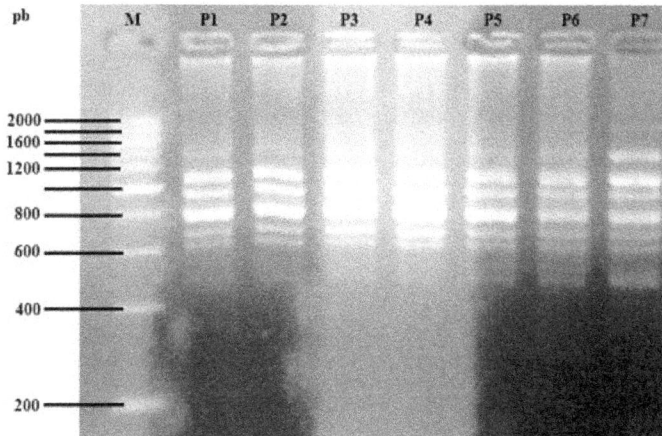

Figure 19: Produit d'amplification de l'ADN ovin avec l'amorce OPA08 (non polymorphe), en utilisant un pool de gènes de la race Barbarine et de la race Queue fine de l'ouest; M: marqueur de poids, P1, P2 et P3: pools de gènes de la race Barbarine; P4, P5, P6 et P7: pools de gènes de la race queue fine de l'ouest.

B- Résultats des analyses du polymorphisme RAPD

Huit amorces (OPA02, OPA06, OPA07, OPA10, OPA12, OPA15, OPA16 et OPA18) parmi vingt (40%) ont généré des produits d'amplification reproductibles et polymorphes et ont été utilisées pour le typage des 96 animaux étudiés. Le nombre de fragments RAPD détectés par chaque amorce varie de six pour les amorces OPA06 et OPA12 à 11 pour l'amorce OPA10, avec un nombre moyen de bandes amplifiées par amorce de 7,75. La taille approximative des bandes varient de 150 à 2500 paires de bases.

Dans la présente étude, soixante-deux bandes (locus) ont été amplifiées dont 44 sont polymorphes. Le taux de polymorphisme global est de (70,96%). Il est compris entre 33,33% (OPA02) et 100% (OPA06 et OPA15) selon les amorces (tableau 10). La définition d'un locus polymorphe peut faire défaut. Certains auteurs considèrent un locus polymorphe dès lors que plus d'un allèle est observé quelle que soit sa fréquence. D'autres font intervenir la fréquence des allèles, qui doit être supérieure à 1% ou 5% (Campa, 1998). Selon Nei (1987), la proportion des locus polymorphes ne permet pas une bonne mesure de la variation génétique. Une mesure plus appropriée de la variation génétique est l'hétérozygotie moyenne ou diversité génique (h). Une hétérozygotie plus élevée indique une diversité génétique plus large.

Tableau 10: Pourcentages de polymorphisme (P%) pour chaque amorce et pour l'ensemble des amorces.

Amorces	Nombre total de bandes amplifiées	Nombre de bandes polymorphes	Pourcentage du polymorphisme
0PA02	9	3	33,33
OPA06	6	6	100
OPA07	7	3	42,86
OPA10	11	8	72,73
OPA12	6	5	83,33
OPA15	7	7	100
OPA16	9	7	77,77
OPA18	7	5	71,43
Ensemble des amorces	62	44	70,96

I- Diversité génétique chez deux races ovines en Tunisie: la Barbarine et la Queue fine de l'ouest

En Tunisie, les races ovines autochtones constituent une ressource génétique importante pour plusieurs raisons, essentiellement parce qu'elles ont développé au fil des années des combinaisons uniques de caractères adaptifs pour mieux répondre aux pressions environnementales locales (Rekik et al., 2005).

Il existe aujourd'hui un sérieux besoin d'évaluation génétique des races ovines tunisiennes afin de déterminer la structure actuelle de la population et d'estimer les différences entre les principales races. Ces résultats serviront à mieux orienter les programmes de conservation.

Dans cette partie de l'étude, la technique RAPD-PCR a été utilisée pour analyser la diversité génétique chez les deux principales races ovines autochtones: la Barbarine et la Queue Fine de l'Ouest et estimer le degré de divergence entre les deux races.

I-1- Divergence génétique des deux races

A partir de la matrice binaire (0/1) relative à l'ensemble des individus analysés, nous avons tout d'abord estimé les coefficients de similarité de Nei et Li (1979) puis établi un dendrogramme UPGMA regroupant l'ensemble des individus (figure 20).

Les individus ont pu être regroupés en deux sous-ensembles bien différenciés en fonction des similitudes moléculaires: le premier réunit les individus de la race Queue Fine de l'Ouest et le deuxième regroupe les individus de la race Barbarine. Pour approfondir cette étude, nous avons déterminé les paramètres d'estimation de la diversité génétique intra et entre races.

I-2- Diversité génétique intra races: Taux de polymorphisme, Diversité génétique de Nei et Indice de Shannon

Pour fournir une estimation relative du degré de variation à l'intérieur des populations, nous avons déterminé les pourcentages de polymorphisme (P), les diversités génétiques de Nei (H) et les indices de Shannon (I) chez les deux races (tableau 11). Les résultats montrent que les valeurs de la diversité génétique de Nei (1973) et de la diversité génétique de Shannon (Lewontin, 1972) sont compatibles et évoluent dans le même sens. La diversité génétique par locus polymorphe pour les animaux de la race Barbarine et les animaux de la race Queue fine de l'ouest sont présentés dans les tableaux 12 et 13.

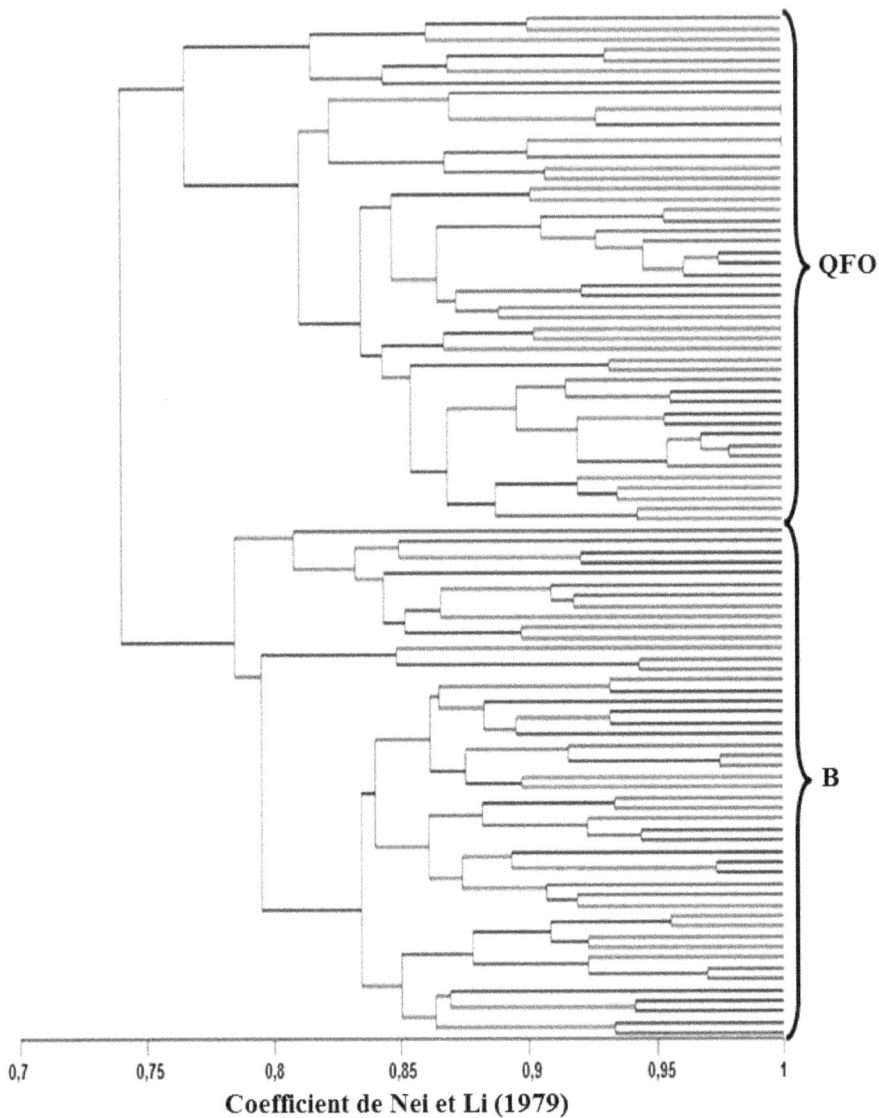

Figure 20: Dendrogramme UPGMA des 96 individus analysés établi à partir des indices de similarités génétiques de Nei et Li (1979).

Tableau 11: Pourcentages de polymorphisme (P), diversités génétiques de Nei (H) et indices de Shannon (I) détectés par la technique RAPD chez les deux races ovines analysées.

Race	N	NLP	P	H	I
Barbarine	48	33	53,23	0,2109	0,3057
Queue Fine de l'Ouest	48	37	59,68	0,2395	0,3452
Population globale	96	44	70,97	0,2788	0,4074

N: nombre d'individus typés, NLP: nombre de locus polymorphes

Tableau 12: Diversité génétique par locus polymorphe pour les 48 animaux typés de la race Barbarine (Taille de l'échantillon = 48).

Amorces	Locus	h*	I*
OPA02	1	0,2778	0,4506
	2	0,4965	0,6897
OPA10	1	0,4444	0,6365
	2	0,4991	0,6923
	3	0,4991	0,6923
	4	0,1172	0,2338
	5	0,1172	0,2338
	6	0,4861	0,6792
OPA06	1	0,4922	0,6853
	2	0,4965	0,6897
	3	0,4965	0,6897
	4	0,4861	0,6792
	5	0,4297	0,6211
OPA16	1	0,3299	0,5117
	2	0,2778	0,4506
	3	0,3750	0,5623
	4	0,1172	0,2338
	5	0,4991	0,6923
	6	0,4965	0,6897

Tableau 12 (suite): Diversité génétique par locus polymorphe pour les 48 animaux typés de la race Barbarine (Taille de l'échantillon = 48).

OPA18	1	0,1172	0,2338
	2	0,1172	0,2338
	3	0,3299	0,5117
	4	0,4991	0,6923
	5	0,4991	0,6923
OPA15	1	0,4922	0,6853
	2	0,4922	0,6853
	3	0,2778	0,4506
	4	0,4991	0,6923
	5	0,4991	0,6923
	6	0,4991	0,6923
	7	0,5000	0,6931
OPA07	1	0,3299	0,5117
	2	0,4922	0,6853
Moyenne (44 locus)		0,2109	0,3059
Ecart-type ($^+$)		0,2240 ($^+$)	0,3134 ($^+$)

*h: diversité génétique de Nei (1973) ; I: Indice de Shannon (Lewontin, 1972).

($^+$): On remarque que l'écart-type est supérieur à la moyenne, ceci est certainement possible et montre que la distribution des valeurs de h et de I à travers les différents locus est très asymétrique. Prenons par exemple les données simples suivantes: 42, 50, 55 et 999, la moyenne est égale à 286,5 et l'écart type à 475.

Tableau 13: Diversité génétique par locus polymorphe pour les 48 animaux typés de la race Queue fine de l'ouest (Taille de l'échantillon = 48).

Amorces	Locus	h*	I*
OPA12	1	0,4922	0,6853
	2	0,5000	0,6931
	3	0,2491	0,4154
	4	0,4965	0,6897
	5	0,2778	0,4506

Tableau 13 (Suite): Diversité génétique par locus polymorphe pour les 48 animaux typés de la race Queue fine de l'ouest (Taille de l'échantillon = 48).

OPA02	1	0,4861	0,6792
	2	0,4688	0,6616
	3	0,4297	0,6211
OPA10	1	0,0408	0,1013
	2	0,4575	0,6500
	3	0,4991	0,6923
	4	0,4991	0,6923
	5	0,0408	0,1013
	6	0,4991	0,6923
	7	0,4965	0,6897
	8	0,4991	0,6923
OPA06	1	0,2491	0,4154
	2	0,2778	0,4506
	3	0,4991	0,6923
OPA16	1	0,4965	0,6897
	2	0,2491	0,4154
	3	0,5000	0,6931
	4	0,2491	0,4154
	5	0,3533	0,5383
	6	0,4922	0,6853
	7	0,4965	0,6897
OPA18	1	0,0408	0,1013
	2	0,4991	0,6923
	3	0,4575	0,6500
	4	0,4444	0,6365
	5	0,4922	0,6853
OPA15	1	0,4297	0,6211
	2	0,4991	0,6923
	3	0,4965	0,6897
	4	0,2491	0,4154

Tableau 13 (Suite): Diversité génétique par locus polymorphe pour les 48 animaux typés de la race Queue fine de l'ouest (Taille de l'échantillon = 48).

OPA07	1	0,4444	0,6365
	2	0,4991	0,6923
Moyenne (44 locus)		0,2395	0,3452
Ecart-type		0,2265	0,3164

*h: diversité génétique de Nei (1973) ; I: Indice de Shannon (Lewontin, 1972).

I-3- Diversité génétique entre races: coefficient de différenciation génique (Gst), Le nombre de migrants effectifs par génération (Nm), Identité et distance génétique de Nei (1978)

Le coefficient de la différenciation génique global (Gst) est 0,1922, ce qui pourrait signifier que 80,88% de la variation totale réside à l'intérieur des races alors que la variabilité entre la race Barbarine et la race Queue Fine de l'Ouest est de 19,22% selon la méthodologie utilisée.

L'estimation du flux de gènes à partir de la valeur de Gst montre que Nm est égale à 1,3102.

Les analyses de la diversité génique de Nei chez les deux races sont données dans le tableau 14. L'identité et la distance génétique non biaisées de Nei (1978) entre les deux races ont été calculées Elles sont respectivement égales à 0,1456 et 0,8645 (tableau 15).

Tableau 14: Analyses de la diversité génique de Nei chez les deux races étudiées.

Amorces	Locus	HT	Hs	Gst	Nm
OPA12	1	0,3418	0,2461	0,2800	1,1104
	2	0,3750	0,2500	0,3333	0,9694
	3	0,1352	0,1246	0,0787	0,7714
	4	0,3533	0,2483	0,2973	1,1280
	5	0,1528	0,1389	0,0909	0,9915
OPA02	1	0,4132	0,3819	0,0756	0,9000
	2	0,3047	0,2344	0,2308	0,7188
	3	0,4894	0,4631	0,0537	2,4907
OPA10	1	0,0206	0,0204	0,0105	9,0000
	2	0,4512	0,4510	0,0005	3,1474
	3	0,5000	0,4991	0,0017	7,5000

Tableau 14 (suite): Analyses de la diversité génique de Nei chez les deux races étudiées.

	4	0,4991	0,4991	0,0000	25,6364
	5	0,4991	0,0790	0,8417	0,0820
	6	0,4132	0,3082	0,2542	1,3168
	7	0,4991	0,4913	0,0157	9,4138
	8	0,3644	0,2496	0,3151	1,0072
OPA06	1	0,3418	0,2461	0,2800	1,2384
	2	0,3950	0,2483	0,3714	0,8382
	3	0,4512	0,3728	0,1736	1,2769
	4	0,3299	0,2431	0,2632	0,7752
	5	0,3644	0,3537	0,0292	1,2748
	6	0,3644	0,2496	0,3151	1,0404
OPA16	1	0,4444	0,4132	0,0703	2,7000
	2	0,2637	0,2635	0,0008	1,1463
	3	0,4688	0,4375	0,0667	1,9324
	4	0,1352	0,1246	0,0787	0,7714
	5	0,2491	0,2352	0,0557	0,7371
	6	0,4991	0,4957	0,0070	13,8750
	7	0,5000	0,4965	0,0069	23,5000
OPA18	1	0,4991	0,0790	0,8417	0,0820
	2	0,4132	0,3082	0,2542	1,3168
	3	0,4043	0,3937	0,0263	1,8000
	4	0,4894	0,4718	0,0359	2,9271
	5	0,4991	0,4957	0,0070	6,5122
OPA15	1	0,4688	0,4609	0,0167	4,2368
	2	0,4991	0,4957	0,0070	13,8750
	3	0,4297	0,3872	0,0990	2,2500
	4	0,3644	0,2496	0,3151	1,0750
	5	0,3852	0,2496	0,3521	0,8109
	6	0,4444	0,3741	0,1582	1,4104
	7	0,3750	0,2500	0,3333	0,8846
OPA07	1	0,5000	0,0000	1,0000	0,0000
	2	0,3950	0,3872	0,0198	1,3200
	3	0,4991	0,4957	0,0070	9,4138

Tableau 14 (suite): Analyses de la diversité génique de Nei chez les deux races étudiées.

Moyenne	0,2788	0,2252	0,1922	1,3102
Ecart-type	0,0415	0,0353		

Tableau 15: Mesures non biaisées de l'identité génétique et de la distance génétique de Nei (1978).

Race	Barbarine	Queue fine de l'ouest
Barbarine		0,8645
Queue fine de l'ouest	0,1456	

L'identité génétique au dessus de la diagonale et la distance génétique au dessous de la diagonale.

I-4- Analyse moléculaire de la variance

L'analyse moléculaire de la variance (AMOVA) (Exoffier et al., 2005) sert à évaluer la distribution de la diversité génétique dans et entre les groupes. La quantification des divergences génétiques entre les races est estimée par le calcul d'un indice de fixation nommé Fst calculé selon l'estimateur de Weir et Cockerham (1984). Sa valeur reflète en fait l'action conjuguée des deux forces évolutives que sont la dérive génétique et les migrations. Dans la présente étude, les analyses statistiques (tableau 16) ont montré que la différenciation génétique entre les deux races étudiées est hautement significative. La variation entre les deux races représente 30,80% de la variabilité totale alors que la variabilité à l'intérieur des races est de 69,20%.

Tableau 16: Analyse moléculaire de la variance de 96 individus de deux races ovines en Tunisie (la Barbarine et la Queue Fine de l'Ouest).

Source de variation	Dl	SC	CV	Total (%)	Valeur-P
Entre races	1	159,45	3,17	30,80	<0.001
Intra races	94	670,20	7.12	69,20	<0.001

Dl : degré de liberté; SC: somme des carrés; CV: composantes de la variance

II-Diversité génétique chez les populations de la race Barbarine

La Tunisie est le plus petit Etat du Maghreb avec une superficie de 163 610 km². Malgré sa petite taille, la Tunisie est composée de différentes zones biogéographiques caractérisées par une diversité des biotopes du Nord au Sud. La capacité de la race Barbarine à supporter des situations de déficit alimentaire chronique ainsi que d'autres facultés adaptatives lui ont permis de conquérir plusieurs milieux d'élevage et de s'insérer dans les conditions les plus défavorables dans les différents étages bioclimatiques (Rekik, 1998).

Pour analyser les différentes formes bioclimatiques, la classification élaborée par Emberger en 1930 est en général adoptée. Son concept classe le climat sur la base de trois paramètres importants: la précipitation, la température et l'évaporation (Emberger, 1930; Emberger 1955; Emberger, 1971). C'est cette classification bioclimatique qui est utilisée jusqu'à présent (Afif et al, 2008 ; Béjaoui 2011 ; Rajeb et al., 2010). Selon Emberger (1966, cité par Daget 1977), la Tunisie compte 5 étages bioclimatiques, allant du plus aride au plus humide (figure 21):

- l'étage désertique (Saharien), où les précipitations sont inferieures à 100 mm / an ;
- l'étage aride, où les précipitations sont entre 100 et 400 mm et avec deux sous étages l'un à hiver frais et l'autre à hiver doux sont distingués ;
- l'étage semi aride, où les précipitations sont entre 400 et 600 mm et où deux sous étages l'un à hiver frais et l'autre à hiver doux.
- l'étage subhumide, où les précipitations sont entre 600 et 800 mm ;
- l'étage humide, où les précipitations sont supérieures à 800 mm.

Vue la variabilité des conditions climatiques et de la disponibilité du fourrage, différentes pratiques d'élevage sont adoptées dans les différents étages bioclimatiques. L'objectif de cette partie de l'étude est d'estimer la diversité génétique et de vérifier s'il existe une différenciation génétique entre les populations de trois étages bioclimatiques différents en explorant le polymorphisme des marqueurs RAPD décrit dans le chapitre précédent. Les échantillons considérés dans cette partie de l'étude ont été prélevés chez 48 animaux appartenant à la race Barbarine et élevés dans trois zones bioclimatiques différentes: le subhumide (Béja, Bizerte), le semi-aride à hiver doux (Tunis, Sousse) et aride à hiver doux (Sfax, Gabès). Les animaux ont été classés en trois populations (B1, B2, B3) selon leur origine bioclimatique (tableau 17) .16 individus ont été considérés par population.

Figure 21: Les étages bioclimatiques de la Tunisie (adaptée d'après Emberger, 1930, Emberger, 1955 et Emberger, 1971).

Tableau 17: Description des animaux analysés.

Acronyme	N	Zone bioclimatique
B1	16	Subhumide
B2	16	Semi-aride à hiver doux
B3	16	aride à hiver doux

N: nombre d'animaux analysés

II-1-Diversité génétique intra-populations de la race Barbarine: Taux de polymorphisme, Diversité génétique de Nei et Indice de Shannon

Le nombre de locus polymorphes par population de la race Barbarine et le pourcentage de locus polymorphes sont décrits dans le tableau 18.

Tableau 18: Description du taux de polymorphisme par population.

Population	Nombre de locus polymorphes	Nombre de locus étudiés	Pourcentage de locus polymorphes
B1	28	62	45,16
B2	26	62	41,94
B3	27	62	43,55

On remarque que chez les trois populations, le pourcentage de locus polymorphes est du même ordre variant entre 41,94% 45,16%.

Chez les trois populations la diversité génétique de Nei est de 0,1909; 0, 1794 et 0, 2101 respectivement chez les populations B1, B2 et B3. On remarque que la valeur de l'hétérozygotie la plus élevée a été détectée chez la population B3. Ceci pourrait être expliqué par le fait que l'étage bioclimatique « aride à hivers doux » concerne une grande partie de la superficie de la Tunisie et se distingue par une diversité climatique plus grande que les deux autres étages bioclimatiques. La diversité génétique intra-populations (Hs) est 0,1935.

L'indice de Shannon chez les trois populations étudiées est de 0,2731; 0,2583, 0, 2940 respectivement chez les populations B1, B2 et B3. Les valeurs trouvées confirment les résultats trouvés en calculant le taux d'hétérozygotie (H) (tableaux 19, 20 et 21).

Tableau 19: Diversité génétique par locus polymorphe pour les 16 animaux typés de la population B1 (taille de l'échantillon = 16).

Amorces	Locus	h*	I*
OPA02	1	0,1172	0,2338
	2	0,4922	0,6853
OPA10	1	0,5	0,6931
	2	0,4922	0,6853
	3	0,4922	0,6853
	4	0,5	0,6931

Tableau 19 (suite): Diversité génétique par locus polymorphe pour les 16 animaux typés de la population B1 (taille de l'échantillon = 16).

OPA06	1	0,4922	0,6853
	2	0,5	0,6931
	3	0,4688	0,6616
	4	0,4922	0,6853
	5	0,4688	0,6616
OPA16	1	0,3047	0,4826
	2	0,1172	0,2338
	3	0,3047	0,4826
	4	0,4922	0,6853
	5	0,4922	0,6853
OPA18	1	0,3047	0,4826
	2	0,5	0,6931
	3	0,5	0,6931
OPA15	1	0,4922	0,6853
	2	0,5	0,6931
	3	0,2188	0,3768
	4	0,5	0,6931
	5	0,4922	0,6853
	6	0,4922	0,6853
	7	0,5000	0,6931
OPA07	1	0,1172	0,2338
	2	0,4922	0,6853
	Moyenne (44 locus)	0,1909	0,2731
	Ecart-type	0,2295	0,3205

*h: diversité génétique de Nei (1973) ; I: Indice de Shannon (Lewontin, 1972).

Tableau 20: Diversité génétique par locus polymorphe pour les 16 animaux typés de la population B2 (taille de l'échantillon = 16).

Amorces	Locus	h*	I*
OPA02	1	0,5	0,6931
OPA10	1	0,3047	0,4826
	2	0,4688	0,6616
	3	0,4688	0,6616
	4	0,3047	0,4826
	5	0,3047	0,4826
	6	0,4297	0,6211
OPA06	1	0,5	0,6931
	2	0,4922	0,6853
	3	0,4922	0,6853
	4	0,2188	0,3768
	5	0,4922	0,6853
OPA16	1	0,3047	0,2338
	2	0,4922	0,6853
	3	0,5	0,6931
OPA18	1	0,3047	0,4826
	2	0,3047	0,4826
	3	0,4922	0,6853
	4	0,5	0,6931
OPA15	1	0,4297	0,6211
	2	0,4297	0,6211
	3	0,4922	0,6853
	4	0,4688	0,6616
	5	0,4922	0,6853
	6	0,4688	0,6616
OPA07	1	0,4922	0,6853
	Moyenne (44 locus)	0,1794	0,2583
	Ecart-type	0,2202	0,3125

*h: diversité génétique de Nei (1973) ; I: Indice de Shannon (Lewontin, 1972).

Tableau 21: Diversité génétique par locus polymorphe pour les 16 animaux typés de la population B3.

Amorces	Locus	h*	I*
OPA02	1	0,4922	0,6853
	2	0,4922	0,6853
OPA10	1	0,4297	0,6211
	2	0,3750	0,5623
	3	0,5	0,6931
	4	0,4922	0,6853
OPA06	1	0,4688	0,6616
	2	0,4922	0,6853
	3	0,4922	0,6853
	4	0,4922	0,6853
OPA16	1	0,4922	0,6853
	2	0,4922	0,6853
	3	0,4922	0,6853
	4	0,4922	0,6853
	5	0,4922	0,6853
OPA18	1	0,4922	0,6853
	2	0,5	0,6931
	3	0,4922	0,6853
OPA15	1	0,4922	0,6853
	2	0,5	0,6931
	3	0,4688	0,6616
	4	0,5	0,6931
	5	0,4688	0,6616
	6	0,4922	0,6853
	7	0,4688	0,6616
OPA07	1	0,4922	0,6853
	2	0,4688	0,6616
	Moyenne (44 locus)	0,2101	0,2940
	Ecart-type	0,2417	0,3380

*h: diversité génétique de Nei (1973) ; I: Indice de Shannon (Lewontin, 1972).

II-2- Diversité génétique entre les populations de la race Barbarine: coefficient de différenciation génique (Gst), Le nombre de migrants effectifs par génération (Nm), Identité et distance génétique de Nei (1978)

La valeur Gst trouvée est 0,0828, ceci signifie que la variation entre les trois populations contribue pour 8,28% de la variabilité totale alors que 91,72% de la variation génétique se trouve à l'intérieur des populations. Jawasreh et al. (2011) ont rapporté que le coefficient de différenciation (Gst) varie entre les 104 locus typés de 0,001 à 0,3762 et que la la valeur Gst moyenne est 0,0962 chez trois populations de la race Awassi et la race Najdi en utilisant les marqueurs RAPD. Dans notre échantillon des trois populations analysées, les valeurs Gst varie entre 0,0035 et 0,3842 selon les locus (tableau 22).

Le flux de gène est l'une des forces évolutives qui influence significativement la structure génétique de la population. En l'absence de flux de gènes, la dérive génétique entraîne l'apparition de populations isolées et à la fixation d'allèles différents à des locus neutres, ce qui conduit à la différenciation des populations. Les allèles communs à des locus neutres sont utilisés pour mesurer le flux de gènes. La Gst moyenne (0,0828) indique une différenciation faible entre les différentes populations (tableau 22). Le flux de gènes moyen trouvé (5,5361) suggère un niveau d'échange entre les trois populations suffisant pour les homogénéiser.

Tableau 22: Analyses de la diversité génique de Nei chez les trois populations de la race Barbarine (taille de l'échantillon = 48).

Locus	Amorces	H_T	Hs	Gst	Nm
7	OPA02	0,2778	0,2031	0,2687	1,3605
14		0,4965	0,4948	0,0035	142,5000
18	OPA10	0,4444	0,4115	0,0742	6,2368
21		0,4991	0,4453	0,1078	4,1371
22		0,4991	0,4870	0,0243	20,0357
23		0,1172	0,1016	0,1333	3,2500
24		0,1172	0,1016	0,1333	3,2500
25		0,4861	0,4740	0,0250	19,5000
27	OPA06	0,4922	0,4870	0,0106	46,7500
28		0,4965	0,4948	0,0035	142,5000
29		0,4965	0,4844	0,0245	19,9286

Tableau 22 (suite): Analyses de la diversité génique de Nei chez les trois populations de la race Barbarine (taille de l'échantillon = 48).

30		0,4861	0,4010	0,1750	2,3571
31		0,4297	0,3203	0,2545	1,4643
33	OPA16	0,3299	0,2656	0,1947	2,0676
34		0,2778	0,2031	0,2687	1,3605
35		0,3750	0,2656	0,2917	1,2143
37		0,1172	0,1016	0,1333	3,2500
40		0,4991	0,4922	0,0139	35,4375
41		0,4965	0,4948	0,0035	142,5000
42	OPA18	0,1172	0,1016	0,1333	3,2500
43		0,1172	0,1016	0,1333	3,2500
44		0,3299	0,2656	0,1947	2,0676
45		0,4991	0,4974	0,0035	143,2500
46		0,4991	0,4974	0,0035	143,2500
49	OPA15	0,4922	0,4714	0,0423	11,3125
50		0,4922	0,4766	0,0317	15,2500
51		0,2778	0,2292	0,1750	2,3571
52		0,4991	0,4974	0,0035	143,2500
53		0,4991	0,4766	0,0452	10,5577
54		0,4991	0,4922	0,0139	35,4375
55		0,5000	0,4792	0,0417	11,5000
57	OPA07	0,3299	0,2031	0,3842	0,8014
62		0,4922	0,4766	0,0317	15,2500
Moyenne		0,2109	0,1935	0,0828	5,5361
Ecart-type		0,2240	0,0455		

La distance génétique entre groupes représente un indicateur du statut taxonomique de ces populations. Par exemple, Perring et al. (1993) ont montré que, pour les vertébrés et les invertébrés, la variation des distances génétiques de Nei (Nei, 1987) est 0,00-0,05 entre populations ou races, 0,02-0,20 entre sous-espèces et 0,1-2 entre espèces. Dans notre étude, les distances génétiques entre les populations de la race Barbarine varient entre 0,0103 et

0,0476 (tableau 23) et sont compatibles avec leur origine géoclimatique. La valeur de l'identité génétique la plus élevée est détectée entre la population B1 et la population B2 (0,9897), alors que la plus grande distance génétique a été décelée entre la population B3 et la population B2 (0,0476).

Tableau 23: Similarités et distances génétiques de Nei entre les trois populations étudiées

Population	B1	B2	B3
B1		0,9897	0,9820
B2	0,0103		0,9536
B3	0,0181	0,0476	

II-3- Relations phylogénétiques entre les populations de la race Barbarine

Les marqueurs RAPD ont largement été utilisés pour décrire les relations phylogénétiques entre les populations et les races de plusieurs animaux d'élevage comme les bovins (Kemp et Teale, 1994; Gwakisa et al., 1994; Glazko et al., 1999; Horng et Huang, 2000; Rincon et al., 2000; Zubets et al., 2001), les caprins (Ahmed, 2004; Chen Xiang et al., 2004 et Li et al., 2006), les équidés (Baily et Lear, 1994) et les ovins (Mel'nikova et al., 1995; Cushwa et al., 1996; Stephen et al., 2000; Gong et al., 2002; Ali, 2003; Paiva et al., 2005 et Mahfouz et al., 2008). Le dendrogramme UPGMA construit à partir des distances génétiques de Nei et Li (1978) (figure 22) regroupe les populations étudiées en deux groupes principaux. Le premier regroupe les populations B1 et B2 qui sont élevées dans un climat modéré (nord et centre de la Tunisie) alors que le deuxième contient la population B3 élevée dans un climat difficile (Sud de la Tunisie). Il en ressort que les populations B1 et B2 sont étroitement liées alors que la population B3 semble être la plus éloignée des deux autres populations.

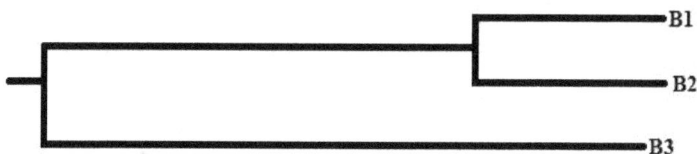

Figure 22: Dendrogramme UPGMA regroupant trois populations de la race Barbarine Basé sur la distance génétique de Nei (1978).

II-4-Analyse moléculaire de la variance

L'analyse moléculaire de la variance montre que la différenciation entre les trois populations étudiées est significative et que 6,06% de la variation est entre populations (tableau 24). Cette valeur Fst (0,0606) est de l'ordre de la valeur Gst trouvée. Ces résultats montrent une subdivision bioclimatique significative entre les populations analysées. Paiva et al. (2005) ont révélé une valeur de variation entre les populations de même race égale à 9,27% (P<0,01).

Tableau 24: Analyse moléculaire de la variance chez 48 individus de trois populations ovines de la race Barbarine en Tunisie.

Source de variation	Dl	SC	CV	Total (%)	Valeur-P
Entre populations	2	26	0,41	6,06	<0,01
Intra populations	45	287,87	6,39	93,94	<0,01

Dl : degré de liberté; SC: somme des carrés; CV: composantes de la variance

III-Diversité génétique chez les populations de la race Queue fine de l'ouest

Depuis plusieurs années, les bouchers ont tendance à préférer la race queue fine de l'ouest en raison de la difficulté de vendre la graisse de la queue de la race Barbarine qui représente en moyenne 15% du poids vif de la carcasse. Pour répondre à cette demande, les agriculteurs se tournent vers l'élevage de la race Queue fine de l'ouest en race pure ou en effectuant des croisements avec la race Barbarine (Bedhiaf-Romdhani et al., 2008). Les troupeaux de race Queue fine de l'ouest sont alors de plus en plus élevés dans les différents étages bioclimatiques du pays. Dans cette partie de l'étude, la diversité génétique et les relations phylogénétiques entre trois populations de la race Queue fine de l'ouest (QFO) seront étudiées. Les échantillons considérés dans cette partie de l'étude ont été prélevés chez 48 animaux appartenant à la race QFO et élevés dans trois zones bioclimatiques différentes définies selon la classification de Emberger (Emberger 1966, cité par Daget, 1977): le subhumide (Béja, Bizerte), le semi-aride à hiver doux (Tunis, Sousse) et aride à hiver doux (Sfax, Gabès). Les animaux ont été classés en trois populations (W1, W2, W3) selon leur origine bioclimatique (tableau 25). 16 individus ont été considérés par population.

Tableau 25: Description des populations analysées de la race Queue fine de l'ouest.

Acronyme	N	Zone bioclimatique
W1	16	Subhumide
W2	16	Semi-aride à hiver doux
W3	16	aride à hiver doux

N: nombre d'animaux analysés

III-1-Diversité génétique intra-populations de la race Queue fine de l'ouest: Taux de polymorphisme, Diversité génétique de Nei et Indice de Shannon

En analysant le polymorphisme RAPD chez les populations de la race Queue fine de l'ouest, nous avons constaté que le plus faible taux de polymorphisme a été observé chez la population W3 (43,55%). En effet chez cette population, 27 locus se sont révélés polymorphes parmi 62 locus étudiés. Une légère supériorité est observée chez la population W2 par rapport à W1 (tableau 26).

La diversité génétique de Nei varie entre 0,1710 et 0,2506 respectivement chez les populations W3 et W2. La diversité génétique intra-populations (Hs) est 0, 1875 (tableaux 27, 28 et 29). Chez les trois populations, les valeurs de l'indice de Shannon corroborent les valeurs calculées de l'hétérozygotie et varient entre 0,2464 (W3) et 0,3510 (W2) (tableaux 27, 28 et 29).

Tableau 26: Description du taux de polymorphisme par population de la race Queue fine de l'ouest.

Population	Nombre de locus polymorphes	Nombre de locus étudiés	Pourcentage de locus polymorphes
W1	32	62	51,61
W2	33	62	53,23
W3	27	62	43,55

Tableau 27: Diversité génétique par locus polymorphe pour les 16 animaux typés de la population W1 (taille de l'échantillon = 16).

Amorces	Locus	h*	I*
OPA12	1	0,4297	0,6211
	2	0,5000	0,6931
	3	0,5000	0,6931
	4	0,1172	0,2338
OPA02	1	0,3750	0,5623
	2	0,4688	0,6616
	3	0,3750	0,5623
OPA10	1	0,1172	0,2338
	2	0,4922	0,6853
	3	0,4922	0,6853
	4	0,4922	0,6853
	5	0,1172	0,2338
	6	0,4922	0,6853
	7	0,4297	0,6211
	8	0,4688	0,6616
OPA06	1	0,1172	0,2338

Tableau 27 (suite): Diversité génétique par locus polymorphe pour les 16 animaux typés de la population W1 (taille de l'échantillon = 16).

Amorces	Locus	h*	I*
	2	0,4922	0,6853
OPA16	1	0,4688	0,6616
	2	0,4688	0,6616
	3	0,4688	0,6616
	4	0,4297	0,6211
	5	0,4688	0,6616
OPA18	1	0,1172	0,2338
	2	0,4922	0,6853
	3	0,4922	0,6853
	4	0,4297	0,6211
	5	0,3047	0,4826
OPA15	1	0,4922	0,6853
	2	0,4688	0,6616
	3	0,4297	0,6211
OPA07	1	0,5000	0,6931
	2	0,4297	0,6211
	Moyenne	0,2087	0,3015
	Ecart-type	0,2246	0,3157

*h: diversité génétique de Nei (1973) ; I: Indice de Shannon (Lewontin, 1972).

Tableau 28: Diversité génétique par locus polymorphe pour les 16 animaux typés de la population W2 (taille de l'échantillon = 16).

Amorces	Locus	h*	I*
OPA12	1	0,4922	0,6853
	2	0,4922	0,6853
	3	0,4922	0,6853
	4	0,5000	0,6931
	5	0,4922	0,6853
OPA02	1	0,4922	0,6853
	2	0,4922	0,6853
	3	0,1172	0,2338

Tableau 28 (suite): Diversité génétique par locus polymorphe pour les 16 animaux typés de la population W2 (taille de l'échantillon = 16).

OPA10	1	0,4922	0,6853
	2	0,4922	0,6853
	3	0,4922	0,6853
	4	0,5000	0,6931
	5	0,5000	0,6931
	6	0,4922	0,6853
OPA06	1	0,4922	0,6853
	2	0,4922	0,6853
	3	0,4922	0,6853
OPA16	1	0,4922	0,6853
	2	0,4922	0,6853
	3	0,5000	0,6931
	4	0,4922	0,6853
	5	0,4922	0,6853
	6	0,4922	0,6853
OPA18	1	0,5000	0,6931
	2	0,4922	0,6853
	3	0,1172	0,2338
	4	0,4922	0,6853
OPA15	1	0,4922	0,6853
	2	0,5000	0,6931
	3	0,4922	0,6853
	4	0,4922	0,6853
OPA07	1	0,4922	0,6853
	2	. 0,4922	0,6853
	Moyenne	0,2506	0,3510
	Ecart-type	0,2459	0,3411

*h: diversité génétique de Nei (1973) ; I: Indice de Shannon (Lewontin, 1972).

Tableau 29: Diversité génétique par locus polymorphe pour les 16 animaux typés de la population W3 (taille de l'échantillon = 16).

Amorces	Locus	h*	I*
OPA12	1	0,4922	0,6853
	2	0,4922	0,6853
	3	0,4688	0,6616
OPA02	1	0,1172	0,2338
	2	0,1172	0,2338
	3	0,4688	0,6616
OPA10	1	0,1172	0,2338
	2	0,4922	0,6853
	3	0,4922	0,6853
	4	0,5000	0,6931
	5	0,4922	0,6853
	6	0,5000	0,6931
OPA06	1	0,4922	0,6853
OPA16	1	0,4922	0,6853
	2	0,4688	0,6616
	3	0,1172	0,2338
	4	0,4922	0,6853
	5	0,4922	0,6853
OPA18	1	0,5000	0,6931
	2	0,1172	0,2338
	3	0,4688	0,6616
	4	0,4922	0,6853
OPA15	1	0,1172	0,2338
	2	0,4922	0,6853
	3	0,5000	0,6931
OPA07	1	0,1172	0,2338
	2	0,4922	0,6853
	Moyenne	0,1710	0,2464
	Ecart-type	0,2243	0,3117

*h: diversité génétique de Nei (1973) ; I: Indice de Shannon (Lewontin, 1972).

III-2- Diversité génétique entre les populations de la race Queue fine de l'ouest: coefficient de différenciation génique (Gst), Le nombre de migrants effectifs par génération (Nm), Identité et distance génétique de Nei, (1978)

Le coefficient de différenciation entre les trois populations étudiées varie selon les locus de 0,0035 à 0,3415 avec une moyenne de 0,1227 (tableau 30), ce qui implique que les trois populations sont différenciées et que 87,73% de la variation réside à l'intérieur des groupes.

Le nombre d'individus migrants par génération entre les trois populations étudiées de la race Queue fine de l'ouest est 3,5763 (tableau 30). Cette valeur est largement inférieure à la valeur détectée pour les trois populations analysées de la race Barbarine (5,5361), cependant ce taux d'échange génique est suffisant pour empêcher un isolement total entre les différentes populations.

Tableau 30: Analyses de la diversité génique de Nei chez les trois populations étudiées de la race Queue fine de l'ouest.

Amorces	Locus	H_T	Hs	Gst	Nm
OPA12	1	0,4922	0,4714	0,0423	11,3125
	2	0,5000	0,4948	0,0104	47,5000
	3	0,2491	0,1641	0,3415	0,9643
	4	0,4965	0,4896	0,0140	35,2500
	5	0,2778	0,2031	0,2687	1,3605
OPA02	1	0,4861	0,3281	0,3250	1,0385
	2	0,4688	0,3594	0,2333	1,6429
	3	0,4297	0,3203	0,2545	1,4643
OPA10	1	0,0408	0,0391	0,0426	11,2500
	2	0,4575	0,3672	0,1973	2,0337
	3	0,4991	0,4922	0,0139	35,4375
	4	0,4991	0,4922	0,0139	35,4375
	5	0,0408	0,0391	0,0426	11,2500
	6	0,4991	0,4974	0,0035	143,2500
	7	0,4965	0,4740	0,0455	10,5000
	8	0,4991	0,4870	0,0243	20,0357
OPA06	1	0,2491	0,1641	0,3415	0,9643

Tableau 30 (suite): Analyses de la diversité génique de Nei chez les trois populations étudiées de la race Queue fine de l'ouest.

	2	0,2778	0,2031	0,2687	1,3605
	3	0,4991	0,4922	0,0139	35,4375
OPA16	1	0,4965	0,4844	0,0245	19,9286
	2	0,2491	0,1641	0,3415	0,9643
	3	0,5000	0,4792	0,0417	11,5000
	4	0,2491	0,1641	0,3415	0,9643
	5	0,3533	0,1953	0,4472	0,6181
	6	0,4922	0,4714	0,0423	11,3125
	7	0,4965	0,4844	0,0245	19,9286
OPA18	1	0,0408	0,0391	0,0426	11,2500
	2	0,4991	0,4974	0,0035	143,2500
	3	0,4575	0,3672	0,1973	2,0337
	4	0,4444	0,3385	0,2383	1,5984
	5	0,4922	0,4297	0,1270	3,4375
OPA15	1	0,4297	0,3672	0,1455	2,9375
	2	0,4991	0,4870	0,0243	20,0357
	3	0,4965	0,4740	0,0455	10,5000
	4	0,2491	0,1641	0,3415	0,9643
OPA07	1	0,4444	0,3698	0,1680	2,4767
	2	0,4991	0,4714	0,0557	8,4844
	Moyenne	0,2395	0,2101	0,1227	3,5763
	Ecart-type	0,2265	0,0442		

Le tableau 31 illustre les similarités et les distances génétiques de Nei entre les trois populations de la race Queue fine de l'ouest, on remarque une proximité des populations W1 et W2 appartenant respectivement aux étages bioclimatiques subhumide et semi-aride à hivers doux alors que les populations W2 et W3 appartenant respectivement aux étages bioclimatiques semi-aride à hivers doux et aride à hivers doux sont les plus éloignés (Tableau 31).

Tableau 31: Similarités et distances génétiques de Nei entre les trois populations de la race Queue fine de l'ouest.

Population	W1	W2	W3
W1		0,9610	0,9501
W2	0,0398		0,9483
W3	0,0511	0,0531	

Note: Identité génétique de Nei (au dessus de la diagonale) et distance génétique (au dessous de la diagonale).

En considérant l'ensemble des populations analysées dans cette étude, on remarque que la distance génétique de Nei varie de 0,0103 entre la Barbarine du subhumide (B1) et la Barbarine du semi-aride à hiver doux (B2) à 0,1902 entre B1 et la Queue fine de l'ouest du subhumide (W1) (Tableau 32).

Tableau 32: Similarités et distances génétiques de Nei entre les six populations étudiées.

Population	B1	B2	B3	W1	W2	W3
B1		0,9897	0,9820	0,8268	0,8351	0,8483
B2	0,0103		0,9536	0,8356	0,8452	0,8704
B3	0,0181	0,0476		0,8394	0,8443	0,8457
W1	0,1902	0,1796	0,1750		0,9610	0,9501
W2	0,1802	0,1681	0,1693	0,0398		0,9483
W3	0,1646	0,1388	0,1676	0,0511	0,0531	

III-3- Relations phylogénétiques entre les populations de la race Queue fine de l'ouest et entre l'ensemble des populations étudiées

Un dendrogramme regroupant les trois populations a été établi à partir des distances génétiques non biaisées de Nei (1978) et montre que la population W3 est génétiquement la plus éloignée des deux autres populations alors que les deux populations W1 et W2 sont celles qui sont génétiquement les plus proches (figure 23).

Pour mieux visualiser la structure de l'ensemble des populations étudiées (B1, B2, B3, W1, W2 et W3), un dendrogramme UPGMA regroupant les six populations a été établi à partir des distances génétiques de Nei. Il montre deux groupes bien différenciés, le premier réunit les populations de la race Barbarine et le deuxième inclut les populations de la race Queue fine de l'ouest. Chez les deux races, on remarque une grande similarité entre les populations originaires des étages bioclimatiques subhumide et semi-aride à hiver doux, alors que la population de l'aire bioclimatique aride à hiver doux est génétiquement la plus distante des deux autres populations. Ces résultats montrent une structuration à l'intérieur de chaque race et indique que la différenciation génétique est consistante avec leur localisation bioclimatique (figure 24).

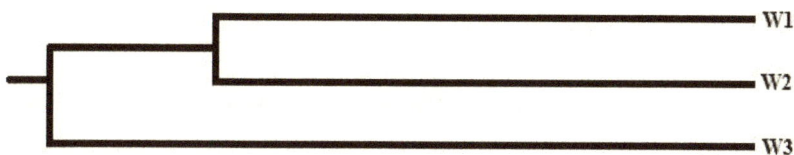

Figure 23: Dendrogramme UPGMA regroupant trois populations de la race Queue fine de l'ouest.

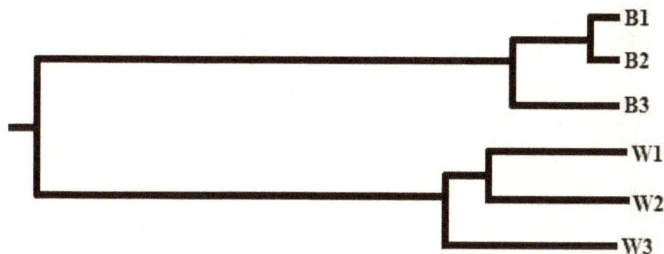

Figure 24: Dendrogramme UPGMA regroupant six populations ovines en Tunisie.

III-4- Analyse moléculaire de la variance

L'analyse moléculaire montre que les trois populations bioclimatiques sont significativement différenciées avec une valeur Fst égale à 0,1183 (tableau 33). Cette valeur est de l'ordre de la valeur de Gst calculée selon la méthode de Nei 1987.

Tableau 33: Analyse moléculaire de la variance chez 48 individus de trois populations ovines de la race Queue Fine de l'Ouest en Tunisie.

Source de variation	Dl	SC	CV	Total (%)	Valeur-P
Entre populations	2	43,70	0,93	11,83	<0,001
Intra populations	45	312,62	6,94	88,17	<0,001

Dl : degré de liberté; SC: somme des carrés; CV: composantes de la variance

Des exemples de profils des fragments d'ADN amplifiés par différentes amorces sont illustrés dans les figures 25, 26 et 27.

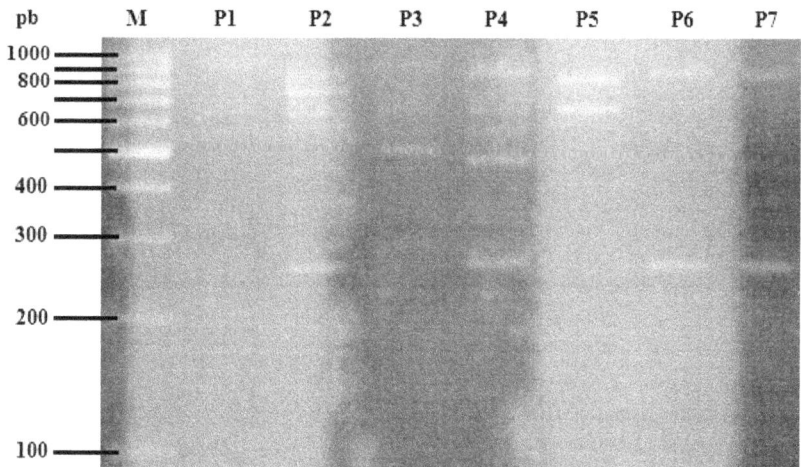

Figure 25: Exemples de profils des fragments d'ADN amplifiés par l'amorce OPA 06; M: marqueur de poids (100 pb), P1→P4: individus de la race Barbarine; P5→P7: individus de la race Queue fine de l'ouest.

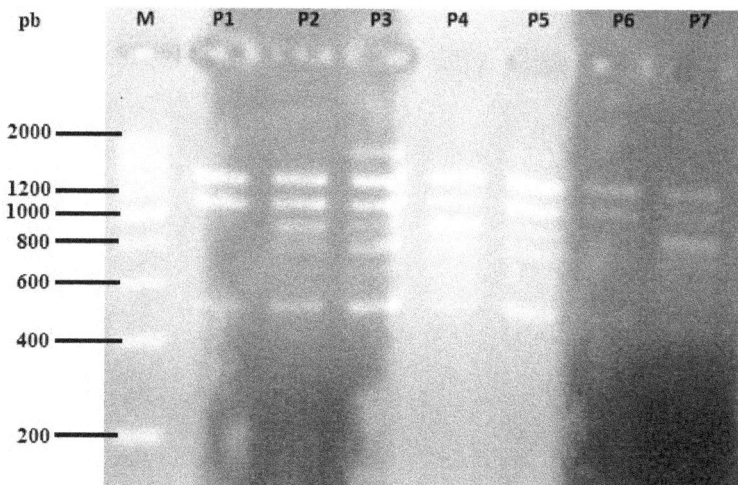

Figure 26: Exemples de profils des fragments d'ADN amplifiés par l'amorce OPA 07;
M: marqueur de poids (200 pb), P1→P4: individus de la race Barbarine; P5→P7:
individus de la race Queue fine de l'ouest.

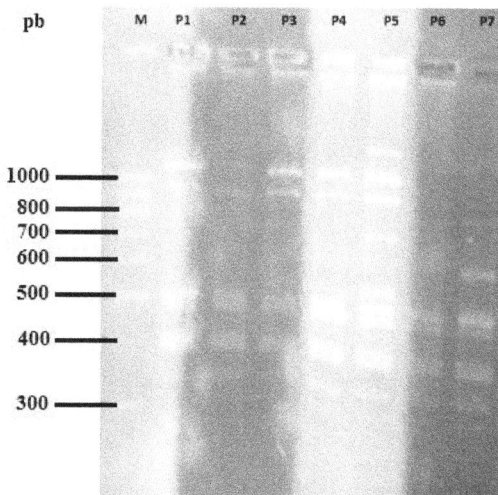

Figure 27: Exemples de profils des fragments d'ADN amplifiés par l'amorce OPA 10;
M: marqueur de poids (100 pb), P1→P4: individus de la race Barbarine; P5→P7:
individus de la race Queue fine de l'ouest.

DISCUSSION & CONCLUSIONS

Au début de cette étude, on s'est fixé comme objectif d'optimiser un protocole d'amplification de l'ADN ovin par la technique RAPD. Pour ce faire, nous avons étudié l'effet de la variation de la concentration des constituants du milieu réactionnel et l'effet du programme d'amplification sur le rendement de l'amplification. Il en ressort que la concentration en amorces, en dNTP et en MgCl2 ainsi que le programme d'amplification choisi influent considérablement aussi bien la qualité que la quantité de l'ADN amplifié des ovins par la technique RAPD. En effet, la technique RAPD a été largement utilisée avec succès chez plusieurs espèces animales. Toutefois, la faible reproductibilité de cette technique est souvent évoquée et connue pour être fortement influencée par les conditions expérimentales (Devos et Gale, 1992 ; Wolf et al., 1993). Cependant plusieurs auteurs ont rapporté qu'il existe généralement des conditions expérimentales qui permettent d'obtenir des résultats reproductibles (Bassam et al., 1992 ; Williams et al., 1993). Il est donc essentiel d'optimiser le protocole de la RAPD-PCR pour obtenir des résultats fiables et interprétables. L'optimisation de la réaction RAPD et le programme d'amplification peuvent éliminer la plupart des variations observées dans le profil de l'ADN amplifié (Yu et Pauls, 1992, Heun et Helentjaris, 1993).

L'interprétation des résultats du polymorphisme moléculaire a montré que la proportion d'amorces polymorphes détectée (40%) est supérieure à celle trouvée par Ali (2003) (26,31%) en étudiant la diversité génétique chez quatre races ovines en Egypte, comparable à la valeur trouvée par Gaali et Satti (2009) (46,6%) en analysant le polymorphisme moléculaire chez deux races caprines soudanaises.

Le nombre de fragments RAPD détectés par chaque amorce varie de six pour les amorces OPA06 et OPA12 à 11 pour l'amorce OPA10, avec un nombre moyen de bandes amplifiées par amorce de 7,75; cette valeur est largement inférieure à celle trouvée par Boulila et al. (2010) qui ont détecté un nombre moyen de bandes amplifiées par amorce de 17,63 en utilisant la technique RAPD chez les Lamiacées. Chez les ovins, Elmaci et al. (2007) ont rapporté que le nombre de fragments révélés par chaque amorce varie de trois à quatorze. Tariq et al. (2012) ont cité que le nombre de fragments amplifiés chez quatre races ovines au Pakistan varie de deux à 10 par amorce et que 92 fragments RAPD ont été obtenus en utilisant 17 amorces (5,41 locus/amorce). Mahfouz et al. (2008), ont également étudié la diversité génétique chez des races ovines égyptiennes et ont décelé 57 fragments amplifiés en utilisant cinq amorces (11,4 bandes/amorce). Le nombre de fragments ADN amplifiés par chaque amorce trouvé dans cette étude corrobore les résultats de plusieurs études (Chen et al., 2001; Appa Rao et al., 1996; Ali, 2003; Kumar et al., 2003; Saifi et al., 2004; Mahfouz et al., 2008).

D'un autre côté, l'ordre de taille des bandes détectées (150 - 2500 pb) confirme les résultats des études menées par Cushwa et al. (1996) et Kumar et al. (2003).

Le pourcentage de locus polymorphes détecté dans cette étude (70,97%). En utilisant les marqueurs RAPD chez des races ovines, dans le cadre d'études menées dans d'autres pays, Tariq et al. (2012); Elmaci et al. (2007) et Jawasreh et al. (2011) ont trouvé des pourcentages de polymorphisme respectivement de 60,87%; 98,25 et 97,20.

On s'est également intéressé à l'estimation des valeurs de la diversité génétique intra-races et intra-populations. On rappelle que la technique utilisée dans cette étude (RAPD) permet de calculer l'hétérozygotie attendue sous l'hypothèse de Hardy-Weinberg. La loi de Hardy-Weinberg, loi fondamentale de la génétique des populations, peut s'énoncer ainsi: dans une population de taille infinie et panmictique (croisement aléatoire des individus et de leurs gamètes), où il y a absence de mutation, de migration et de sélection naturelle et dans laquelle les générations ne se chevauchent pas, les fréquences alléliques restent stables d'une génération à l'autre. Les fréquences génotypiques de cette population théorique idéale se déduisent directement des fréquences alléliques et ne dépendent que des fréquences de la génération initiale. La valeur de la diversité génétique détectée dans l'ensemble de la population (H_T) est 0,2788, elle est de l'ordre de la valeur rapportée par Elmaci et al. (2007) et largement supérieure à celles trouvées dans les études de Jawasreh et al. (2011) et Tariq et al. (2012) qui ont rapporté des valeurs de 0,2265; 0,11 et 0,1467 respectivement.

Les valeurs de l'hétérozygotie calculée (H) Nei (1973) appelée également diversité génétique de Nei sont 0,2109 et 0,2395 respectivement chez la race Barbarine et la race Queue Fine de l'Ouest. Nei (1987) considère que l'hétérozygotie calculée (H) constitue un bon indice de la variabilité génétique de la population. Cette étude montre que H est plus élevé dans notre échantillon de la race Queue fine de l'ouest que dans celui de la race Barbarine. En utilisant les marqueurs RAPD, Tariq et al. (2012) ont rapporté des valeurs comprises entre 0,0998 et 0,1474 chez quatre races ovines au Pakistan, Jawasreh et al. (2011) ont détecté des valeurs variant de 0,12 à 0,143 chez quatre races ovines en Jordanie. Elmaci et al. (2007) ont trouvé des valeurs comprises entre 0,1569 et 0,2360 chez trois races ovines en Turquie. La diversité génétique intra-populations (Hs) est égale à 0,2252. Les valeurs de la diversité génétique détectées chez les ovins dans les différentes études par la technique RAPD sont largement inférieures aux valeurs d'hétérozygotie attendues trouvées en utilisant les marqueurs microsatellites. Ces valeurs sont de l'ordre de 0,57-0,76 chez des races ovines aux pays baltes (Grigaliunaite et al., 2003); 0,67-0,78 en Autriche (Baumung et al, 2006); 0,73-0,80 en Bulgarie (Kusza et al, 2010); 0,67-0,79 en Roumanie (Kevorkian et al., 2010); 0,70-0,80 en

Italie (Dalvit et al., 2009); 0,81-0,86 en Egypte (El Nahas, 2008); 0,59-0,65 en Inde (Mukesh et al., 2006); 0,46-0,61 chez des populations de la race Tsigai en Slovaquie (Kusza et al., 2009); 0,739-0,830 chez différents types de la race Pramenka dans l'ouest des Balkans (Cinkulov et al., 2008) et 0,83 en Iran (Nanekarani et al., 2010). On remarque également que l'indice de Shannon (I), le pourcentage de polymorphisme (p) et la diversité génétique de Nei (H) sont concordants et évoluent dans le même sens.

Dans les populations, on remarque que les valeurs de H, I et P sont les plus élevées chez la population Queue fine de l'ouest du semi-aride à hiver doux (W2) et les plus faibles chez la Queue fine de l'ouest de l'aride à hiver doux (W3). La Barbarine de l'aride à hiver doux (B3) a également la plus faible valeur du pourcentage de polymorphisme (43,55%).

Le flux génique (en anglais, gene flow) désigne le passage efficace de gènes entre populations (Futuyama, 1998). L'effet principal des flux de gènes est l'homogénéisation des fréquences alléliques entre les populations: plus le flux de gènes entre deux populations est important, plus les populations sont attendues similaires (mêmes allèles présents, mêmes fréquences alléliques). On dit qu'elles sont peu différenciées. L'échange d'individus migrants effectifs entre deux populations joue un rôle important dans l'organisation spatiale (individu, population, sous-espèce) de la diversité génétique et représente une force évolutive aussi importante que la sélection, la dérive génétique et la mutation. Les marqueurs RAPD permettent d'identifier le degré de différenciation entre deux populations et de décider s'il faut augmenter l'échange d'individus reproducteurs entre elles. En effet, selon Wright (1931), la différenciation génétique due à la dérive génétique (variation aléatoire des fréquences alléliques entre générations due à la taille finie des populations) peut être prévenue quand le flux de gène est supérieur à un en évitant la fixation de différents allèles neutres à un locus donné entre ces populations. Les relations entre flux de gènes et adaptations locales sont souvent complexes et encore mal définies. En effet, si la dispersion peut favoriser la propagation de mutants favorables, elle peut aussi permettre une homogénéisation de la variation génétique entre populations retardant l'adaptation locale par l'apport d'allèles moins adaptés (Lenormand 2002). Ceci signifie que, pour des pressions de sélection moyennes, les flux géniques peuvent s'opposer à la mise en place d'adaptations locales.

Geng et al. (2008), ont utilisé les marqueurs microsatellites pour étudier la diversité génétique chez six populations ovines en Chine. Ils ont détecté des valeurs de flux de gènes variant entre 2,7369 et 44,3928 avec une valeur moyenne égale à 11,25213. La valeur de flux de gènes détectée montre que les éleveurs sont en train de pratiquer des croisements entre les deux races.

Concernant la différenciation génique (Gst), l'étude bibliographique des travaux réalisés chez des races ovines dans différents pays révèle que Balcioglu et al. (2008) ont détecté une valeur Gst de 0,5117 chez huit races ovines à queue grasse étudiées en Turquie en utilisant 12 amorces RAPD. Elmaci et al. (2007) ont rapporté une valeur de différenciation génique de 0,1181 en analysant trois races ovines en Turquie. En analysant six races porcines, Kim et al. (2002) ont observé une valeur Gst de 0,39 en utilisant la technique AFLP.

Les distances génétiques non biaisées de Nei entre les deux races étudiées est 0,146, considérant les populations, elles ont varié entre 0,010 (entre la Barbarine du subhumide (B1) et la Barbarine du semi-aride à hiver doux (B2)) et 0,190 entre B1 et la Queue fine de l'ouest du subhumide (W1). L'identité et la distance génétique de Nei sont utilisées pour mesurer respectivement, la similarité et la dissimilarité entre paires de populations. Des valeurs faibles de la distance génétique indiquent une relation phylogénétique étroite alors que des valeurs faibles de l'identité génétique indiquent une relation phylogénétique plus distante. Tariq et al. (2012) ont détecté des valeurs d'identité et de distance génétique en étudiant quatre races ovines au Pakistan respectivement de l'ordre de 0,918 - 0,992 et 0,003 – 0,085, ces valeurs ont varié respectivement de 0,9351 à 0,9775 et de 0,0227 à 0,0671 entre trois races ovines en Turquie (Elmaci et al., 2007) et respectivement de 0,9837 à 0,9909 et de 0,0091 à 0,165 entre deux écotypes et deux races ovines en Jordanie (Jawasreh et al., 2011).

L'analyse moléculaire de la variance a montré que la variation entre les deux races représente 30,80% de la variabilité totale alors que la variabilité à l'intérieur des races est de 69,20%. Ces résultats concordent l'aspect du dendrogramme regroupant les individus analysés (figure 14) et qui montre deux groupes bien différenciés. On peut conclure que la divergence entre les deux races est élevée. Paiva et al. (2005) ont trouvé une valeur de différenciation génétique égale à 14,92% (P<0,01) entre races en analysant cinq races ovines brésiliennes par la technique RAPD et en utilisant la même méthodologie statistique; Tapio et Grigaliunaite (2002) ont observé une valeur de différenciation génétique entre diverses races ovines européennes à queue grasse et à queue fine de 27,84% en explorant l'ADN mitochondrial alors que la valeur trouvée par Blackburn et al. (2011) en analysant 28 races ovines aux Etats Unis par les marqueurs microsatellites est de 13%. Chez d'autres espèces, des valeurs de variation entre races de 29,96% (Spritze et al., 2003) et 25,28% (Serrano et al., 2004) ont rapporté chez les bovins, 24,53% chez les chevaux (Fuck, 2002, cité par Paiva et al., 2005) et 21,21% chez les caprins (Oliveira, 2003, cité par Paiva et al., 2005).

En conclusion, cette étude a permis d'estimer la diversité génétique chez les deux races ovines les plus répandues en Tunisie (la Barbarine et la Queue fine de l'ouest) et a montré que:

- La technique RAPD-PCR appliquée à l'ADN ovin produit un niveau de polymorphisme suffisant (70,97 %) et peut être une méthode utile pour évaluer les polymorphismes chez cette espèce.

- la variabilité génétique intra et interpopulations est importante et que les valeurs de la diversité génétique, de l'indice de Shannon et du pourcentage de locus polymorphes sont comparables à celles rapportées pour d'autres races de l'espèce ovine. En effet Kijas et al. (2012) ont révélé que les ovins ont conservé une vaste diversité génétique malgré la domestication et la sélection contrairement à d'autres espèces, dont certains bovins ou chiens qui présentent une consanguinité élevée. Pour caractériser cette diversité, les auteurs ont génotypé 49034 SNP chez 2819 animaux issus de 74 races de mouton.

- La variabilité génétique est légèrement plus élevée chez la Queue fine de l'ouest que chez la Barbarine.

- Le calcul du coefficient de différenciation génique moyen (Gst) et le coefficient de fixation (Fst) montre que les deux races sont bien différenciées et confirme que les deux races sont fixées.

- Le flux de gène moyen (Nm) entre les deux races est 1,31; ceci montre que des croisements entre les deux races sont pratiqués par les éleveurs. Ces croisements doivent être contrôlés car la préservation de la biodiversité concerne autant la préservation des races fixées, que celle de la diversité à l'intérieur de chaque race. Ces croisements ne doivent pas conduire à la diminution de l'importance relative de l'une des deux races au cours du temps.

- La différenciation entre les populations de chacune des races est significative avec des valeurs de Fst égales à 0,0606 (P<0,01) et 0,1183 (P<0,001) respectivement chez les populations de la Barbarine et de la Queue fine de l'ouest malgré des flux de gènes importants entre les paires de populations et que la structuration des populations est consistante avec leur origine bioclimatique. Ceci est en faveur d'une adaptation locale développée par les populations des différents étages bioclimatiques et montre que les flux de gènes n'ont pas entravé l'effet de la sélection naturelle qui a permis à chaque population de développer des traits favorisant l'adaptation aux conditions environnementales locales (Kawecki et Elbert, 2004).

REFERENCES BIBLIOGRAPHIQUES

Abbas SF, Abd Allah M, Allam FM, Aboul-Ella AA (2010). Growth Performance of Rahmani and Chios Lambs Weaned at Different Ages. Australian Journal of Basic and Applied Sciences, 4(7): 1583-1589.

Abdellaoui R, Cheik M'hamed H, Ben Naceur M, Bettaieb-Kaab L, Ben Hamida J (2007). Morpho-physiological and molecular characterization of some Tunisian barley ecotypes. Asian J. Plant Sci. 6(2): 261-268.

Abdulkhaliq AM, Harvey WR, Parker CF (1989). Genetic parameters for ewe productivity traits in the Columbia, Suffolk and Targhee breeds. J. Anim. Sci. 67: 3250.

Afif M, Messaoud C, Boulila A, Chograni H, Bejaoui A, Rejeb MN, Boussaid M (2008). Genetic structure of Tunisian natural carob tree (Ceratonia siliqua L.) populations inferred from RAPD markers. Annals of Forest Science, 65: 710.

Ahmed IA (1940). The structure and behaviour of the chromosomes of the sheep during mitosis and meiosis. Proc. Roy. Soc. Edimb. 60: 260-270.

Ahmed M (2004). Molecular phylogeny of goat breeds in Egypt by RAPD-PCR analysis. Journal of the Advances in Agricultural Researches, 9: 233-243.

Ali BA (2003). Genetics similarity among four breeds of sheep in Egypt detected by random amplified polymorphic DNA markers. African Journal of Biotechnology, 2: 194-197.

Appa Rao KBC, Bhat KV, Totey SM (1996). Detection of species specific genetic markers in farm animals through random amplified polymorphic DNA (RAPD). Genetic analysis: Bimolecular Engr. 13: 135-138.

Arranz JJ, Bayo NY, Sanprimitivo F (2001). Differentiation among Spanish sheep breeds using microsatellites. Genet. Sel. Evol. 33: 529-542.

Arora R, Bhatia S, Jain A (2010). Morphological and genetic characterization of Ganjam sheep. Animal Genetic Ressources, 2010 (46) : 1-9.

Atti N (1998). Effet du mode de conduite et de l'âge au sevrage de l'agneau sur les performances de production de la race laitière Sicilo-Sarde. Annales de l'INRAT, (71): 237-249.

Atti N (2000). Capacité d'adaptation de la brebis Barbarine aux conditions alimentaires difficiles : Importance des réserves corporelles et des adapteurs digestives. Thèse de doctorat d'état INAT, Tunisie : 200p.

Avise JC (2004). Molecular Markers, Natural History, and Evolution, (2ème édition.). Sinauer Associates Inc.,U.S.541 P.

Ayala FJ (1982). Le polymorphisme génétique. *Biologie moléculaire et évolution.* Eds: Masson, Paris, 133 p.

Babo D (2000). Races ovines et caprines françaises. Editions France Agricole, Paris, 302 p.

Baily E, Lear T (1994). Comparison of thoroughbred and Arabian horses using RAPD markers. Animal Genetics, 25: 105-108.

Balcioglu MS, Sahin E, Karabag K, Yolcu HI, Arik IZ (2008). The determination of DNA fingerprinting in Turkish fat-tailed sheep breeds by using RAPD-PCR method. Book of abstracts of the 59th Annual Meeting of the European Association for Animal Production. 308 pages.

Bassam BJ, Caetano-Anolles G, Gresshoff PM (1992). Amplification fingerprinting of bacteria. Applied Microbiology. 38:70-76.

Baumung R, Cubric-Curik V, Schwend K, Achmann R, Slkner (2006). Genetic characterisation and breed assignment in Austrian sheep breeds using microsatellite marker information. Journal of Animal Breeding and Genetics 123: 265-271.

Bedhiaf-Romdhani S (2006). Développement d'une méthodologie d'évaluation génétique des ovins à viande selon les aptitudes maternelles et bouchères dans les conditions de milieu difficile. Thèse de doctorat en sciences agronomiques, INA de Tunisie, université de Carthage.

Bedhiaf-Romdhani S, Djemali M, Zaklouta M, Iniguez L (2008). Monitoring crossbreeding trends in native Tunisian sheep breeds. Small Ruminant Research, 74: 274-278.

Bejaoui A, Boulila A, Messaoud C, Boussaid M (2011). Population genetic structure of Tunisian Hypericum humifusum assessed by RAPD markers. Biologia, 66 (6): 1003-1010.

Bellemain E, Swenson, JE, Tallmon D, Brunberg S, Taberlet P (2005). Estimating population size of elusive animals with DNA from hunter-collected feces: four methods for brown bears. Conservation Biology. 19: 150-161.

Ben Hamouda M (1985). Description biométrique et amélioration génétique de la croissance pondérale des ovins de race Barbarine. Thèse de doctorat en Sciences Agronomiques, Université de l'Etat à Gand, Belgique, 166 p.

Ben Hamouda M (2011). Amélioration génétique des ovins allaitants en Tunisie: Bilan et perspectives. Options méditerranéennes: Mutations des systèmes d'élevage des ovins et perspectives de leur durabilité. 97: 125-132.

Ben Hamouda M., Zitoun K. (1988). Effet du milieu sur la quantité moyenne de lait par jour de traite en race Sicilo-Sarde. Revue de l'INAT, 3(1): 81-90.

Berry RO (1938). Comparative studies on the chromosome numbers in sheep, goat and sheep goats hybrids. J. Hered. 29: 343-350.

Bienvenu T, Meunier C, Bousquet S, Chiron S, Richard L, Gautheret-Dejean A, Rouselle JF, Feldmann D (1999). Les techniques d'extraction de l'ADN à partir d'un échantillon sanguin. 57(1): 77-84.

Blackburn HD, Paiva SR, Wildeus S, Getz W, Waldron D, Stobart R, Bixby D, Purdy PH, Welsh C, Spiller S, Brown M (2011). Genetic structure and diversity among sheep breeds in the United States: Identification of the major gene pools. J. Anim. Sci. 89:2336–2348.

Blears MJ, De Grandis SA, Lee H, Trevors JT (1998). Amplified fragment length polymorphism (AFLP): a review of the procedure and its applications. J. Industrial Microbiol. Biotechnol. 21: 99–114.

Bonnes G, Darre A, Fugit G (1991) Amélioration génétique des animaux d'élevage. 2ème édition. Paris : Foucher, 284 p.

Boujenane I (1999). Les ressources génétiques ovines au Maroc. Rabat, Maroc, Actes Editions, 136 p.

Boujenane I (2009). Le croisement chez les ovins. L'espace vétérinaire (Maroc), 89: 4-5.

Boulila A, Bejaoui A, Messaoud C, Boussaid M (2010). Genetic diversity and population structure of *Teucrium polium* (Lamiaceae) in Tunisia. Biochem. Genet., 48: 57-70.

Bradford GE (1985). Selection for litter size. Genetics of Reproduction in Sheep, Land RB et Robinson DW (eds), Butterworth, London, pp. 3-18.

Bronzini CV, Maury J, Gambotti C, Breton C, Bervillé A, Giannettini J (2002). Mitochondrial DNA variation and RAPD mark oleasters olive and feral olive from Western and Eastern Mediterranean. Theor. Appl. Genet. 104: 1209-1216.

Broom MF, Zhou C, Broom JE, Barwell KJ, Jolly RD, Hill DF (1998). Ovine neuronal ceroid lipofuscinosis: A large animal model syntenic with the human neuronal ceroid lipofuscinosis variant CLN6. J Med Genet. 35: 717–721.

Brugère-Picoux J (2004). Maladies des moutons. Editions France Agricole, 2ème édition. 289 pages.

Carter RC (1940). A genetic History of Hamsphire sheep. J. Hered. 31(2): 89-93.

Carter RC (1962). Breed structure and genetic History of Hamsphire sheep. J. Hered. 56(6): 301-304.

Carter RC (1965). The breeding structure of Hamsphire sheep. J. Hered. 56(6): 301-304.

Chapman MA, Burke JM (2007). DNA sequence diversity and the origin of cultivated safflower (Carthamus tinctorius L: Asteraceae). BMC Plant. Biol. 7: 60.

Charlesworth B, Charlesworth D (1999). The genetic basis of inbreeding depression. Genetical Research, 74: 329-340.

Chen S, Li M, Li Y, Zhao S, Yu C, Fan B, Li K (2001). RAPD variation and genetic distance among Tibetan, Inner Mangolia and Liaoning Cashmere goat. Asian-Aust. J. Anim. Sci. 14: 1520-1522.

Chen Xiang L, Zheng-lu I, Guohong Zhang Yun, J, Cheng-song W, Hong L (2004). RAPD Analysis on Guizhou Native Goat Breeds. Zoological Research, 25: 141-146.

Chikhi A, Boujenane I (2003 a). Caractérisation zootechnique des ovins de race Sardi au Maroc. Revue Élev. Méd. vét. Pays trop. 56 (3-4): 187-192.

Chikhi A, Boujenane I (2003 b). Performances de reproduction et de production des ovins de race Boujaâd au Maroc Revue Élev. Méd. vét. Pays trop. 56 (1-2): 83-88.

Chograni H, Boussaid M (2011). Genetic diversity of Lavandula multifida L. (Lamiaceae) in Tunisia: implication for conservation. Afr. J. Ecol. 49: 10-20.

Church DC (1993). The Ruminant Animal: digestive physiology and nutrition. Waveland Press, 564 P.

Cinkulov M, Popovski Z, Porcu K, Tanaskovska B, Hodzic A, Bytyqi H, Mehmeti H, Margeta V, Djedovic R, Hoda A, Trailovic R, Brka M, Markovic B, Vazic B, Vegara M, Olsaker I, Kantanen J (2008). Genetic diversity and structure of the West Balkan Pramenka sheep types as revealed by microsatellite and mitochondrial DNA analysis. Journal of Animal Breeding and Genetics 125: 417-426.

Clutton-Brock J (1987). A Natural History of Domesticated Mammals. British Museum (Natural History) and Cambridge University Press.

Crawford AM, Dodds KG, Ede AJ, Pierson CA, Montgomery GW, Garmonsway HG, Beattie AE, Davies K, Maddox JF, Kappes SW, Stone RT, Nguyen TC, Penty JM, Lord EA, Broom JE, Buitkamp J, Schwaiger W, Epplen JT, Matthew P, Matthews ME, Hulme DJ, Beh KJ, McGraw RA, Beattie CW (1995). An autosomal genetic linkage map of the sheep genome. Genetics. 140: 703–724.

Cribiu EP, Matejka M (1985). Caryotype normal et anomalies chromosomiques du mouton domestique (Ovis aries L.). Rec. Méd. Vét. 161 (1): 61-68.

Crossa J, Harnandez CM, Bretting P, Eberhart SA, Taba S (1993). Statistical genetic considerations for maintaining germplasm collections. Theor. Appl. Genet. 86: 673-678.

Cushwa W, Dodds K, Crawford A, Medrano J (1996). Identification and genetic mapping of random amplified polymorphic DNA (RAPD) markers to the sheep genome. Mammalian Genome, 7: 580-585.

Daget P (1977). Le bioclimat mediterraneen: analyse des formes climatiques par le système d'Emberger. Vegetatio, 2: 87-103.

Dally MR, Hohenboken W, Thomas DL, Craig AM (1980). Relationships between haemoglobin type and reproduction,lamb,wool and milk production and health related traits in crossbred ewes. J. Anim. Sci. 50: 418-427.

Dalvit C, De Marchi M, Zanetti E, Cassandro M (2009). Genetic variation and population structure of Italian native sheep breeds undergoing in situ conservation. Journal of animal science 87: 3837.

Darvasi A, Soller M (1994). Optimum spacing of genetic markers for determining linkage between marker loci and quantitative trait loci. Theor Appl Genet. 89: 351–357.

Dauzat C (2000). Etude morpho-biométrique d'une population ovine en conservation: la race landaise. Thèse pour le diplôme d'état de docteur vétérinaire, ENV Nantes, 73p.

David HR, Frankham R (2003). Correlation between Fitness and Genetic Diversity. Conservation Biology, 17(1): 230- 237.

De Gortari MJ, Freking BA, Cuthbertson RP, Kappes SM, Keele JW, Stone RT, Leymaster KA, Dodds KG, Crawford AM, Beattie CW (1998). A second-generation linkage map of the sheep genome. Mammal Genome. 9: 204–209.

Denis B (1997). L'adaptation chez les races locales d'animaux domestiques en France et le problème de leur sauvegarde. Bull. soc. Zool. Fr. 122(1): 71-81.

Degen, A.A. 1977. Fat-tailed Awassi and German mutton Merino sheep under semi-arid conditions: body temperatures and panting rate. J. agric. Sci., 89: 399-405.

Delort R (1984). Les animaux ont une histoire. Editions de Seuil, Paris, 391 p.

Devos KM, Gale MD (1992). The use of random amplified polymorphic DNA markers in wheat. Theor. Appl. Genet. 84:567-572.

Deza C, Perez GT, Garadenal CN, Varela L, Villar M (2000). Rubiales,from central Argentina. Small Rumin. Res. 35(23): 195-201.

Djemali M, Aloulou R, Ben Sassi M (1994). Adjustment factors and genetic and phenotypic parameters for growth traits of Barbarine lambs in Tunisia. Small ruminant research, 13 : 41- 47.

Djemali M, Aloulou R, Ben Sassi M (1995). Estimation de l'héritabilité des caractères de croissance des agneaux de race Barbarine par trois méthodes: MIVQUE(O), ML et REML. Cahiers Options Méditerranéennes, 6: 101- 106.

Dudouet C (2003). La production du mouton, 2ème edition. Eds: France Agricole, 288 p.

El Hentati H, Aloulou R, Rekik M, Ben Hamouda M (2006). Quantification de la productivité pondérale des brebis de race D'man en Tunisie: sources de variation et paramètres génétiques. Annales de L'INRAT, 79: 179-201.

Elmaci C, Oner Y, Ozis S (2007). RAPD analysis of DNA polymorphism in Turkish sheep breeds. Biochem. Genet. 45: 691-696.

El Nahas SM, Hassan AA, Abou Mossallam AA, Mahfouz ER, Bibars MA, Oraby HAS, de Hondt HA (2008). Analysis of genetic variation in different sheep breeds using microsatellites. African Journal of Biotechnology, 7(8): 1060-1068.

Emberger L (1930). La végétation de la région méditerranéenne. Essai d'une classification des groupements végétaux. Rez. gén. Bot. 3: 183-246.

Emberger L (1955). Une classification biogéographique des climats. Revue Tr. Lab. Bot. Géol. Zool. Fac. Sc. Montpellier, 7 : 3-43.

Emberger L (1971). Considérations complémentaires au sujet des recherches bioclimatiques et phytogéographiques-écologiques. Travaux de botanique et d'écologie de Louis Emberger, Masson, Paris. 291-301.

Epstein H (1982). Awassi sheep. World Animal Review, 44: 9-18.

Excoffier L, Laval G, Schneider S (2005). Arlequin ver. 3.0: An integrated software package for population genetics data analysis. Evol. Bioinform. 1: 47-50.

Faadiel Essop M, Harley EH, Baumgarten I (1997). A Molecular Phylogeny of Some Bovidae Based on Restriction-Site Mapping of Mitochondrial DNA. Journal of Mammalogy. 78(2): 377-386.

Fahmy MH (1996). Prolific sheep. CAB international, 542 p.

Falconer DS, Mackay TFC (1996). Introduction to Quantitative Genetics. 4ème édition. Harlow, United Kingdom: Longman.

Farid A, O'Reilly E, Dollard C, Kelsey CR (2000). Genetic analysis of ten sheep breeds using microsatellite markers. Can. J. Anim. Sci. 80: 9-17.

Flower WH, Lydekker R (1891). An introduction to the study of mammals living and extinct. Kessinger Publishing, London, 782 p.

Fogarty NM, Dickerson GE, Young LD (1985). Lamb production and its components in pure breeds and composite lines III. Genetic parameters. J. Anim. Sci. 60:40.

Fogarty NM (1995). Genetic parameters for live weight, fat and muscle measurements, wool production and reproduction in sheep: a review. Animal breeding abstracts, 63(3): 101-14.

Foret D (1958). L'elevage ovin tunisien. Terre Tunisie, 5: 5-30, S.E.A. l'Agric. Tunis.

Fournier A (2006). L'élevage des moutons. Artémis (eds), France. 95 pages.

Frankham R (2005). Stress and adaptation in conservation genetics. J. Evol. Biol. 18: 750–755.

Frankham R, Ballou JD, Briscoe DA (2002). Introduction to Conservation Genetics. 2ème édition. Cambridge: Cambridge University Press.

Franklin IR (1997). Systematics and phylogeny of the sheep. Piper L, Ruvinsky A (eds), The Genetics of Sheep, pp 1–12, CAB International, Cambridge.

Freking BA, Leymaster KA (2004). Evaluation of Dorset, Finnsheep, Romanov, Texel, and Montadale Breeds of Sheep. IV. Survival, Growth, and Carcass Traits of F1 Lambs. J. Anim. Sci. 82: 3144-3153.

Freking BA, Leymaster KA, Young LD (2000). Evaluation of Dorset, Finnsheep, Romanov, Texel, and Montadale Breeds of Sheep. I. Effects of Ram Breed on Productivity of Ewes of Two Crossbred Populations. J. Anim. Sci. 78: 1422-1429.

Fu CX, Qiu YX, Kong HH (2003). RAPD analysis for genetic diversity in *Changium smyrnioides* (Apiaceae), an endangered plant. Bot. Bull. Acad. Sinica. 44: 13-18.

Futuyama D (1998). Evolutionary Biology, Sunderland, Sinauer, 3ème édition.

Gaali E, Satti M (2009). Genetic Characterization of two Sudanese goat breeds (Capra hircus) using RAPD molecular markers. Afr. J. Biotechnol. 8: 2083-2087.

Gabina D (1995). Amélioration génétique des ovins à viande. Cahier options méditerranéennnes, 6: 88-89.

Galloway SM, Hanrahan V, Dodds KG, Potts MD, Crawford AM, Hill DF (1996). A linkage map of the ovine X chromosome. Genome Research. 6: 667–677.

Gauthier P, Gouesnard B, Dallard J, Redaelli R, Rebourg C, Charcosset A, Boyat A (2002). RFLP diversity and relationships among traditional European maize populations. Theor. Appl. Genet. 105: 91-99.

Geng Y, Yang Z, Chang H, Mao Y, Sun W, Guo X and Qu D (2008). Genetic differentiation and gene flow among six sheep breeds of Mongolian group in China. Frontiers of Agriculture in China, 3: 338-342.

Geist V (1991). On the taxonomy of giant sheep (Ovis ammon Linnaeus, 1766). Can. J. Zool. 69: 706- 723.

Gentry AW (1992). The subfamilies and tribes of the family Bovidae. Mammal Review, 22: 1-32.

Gimenez-Diaz C, Emsen E, Ocak S, Aslan F (2011). Laparoscopic artificial insemination in dairy sheep with chilled semen stored for up to 26 h. Afr. J. Biotechnol. 10 (30): 5812-5814.

Glazko V, Dyman T, Tarasiuk S, Dubin A (1999). The polymorphism of proteins, RAPD-PCR and ISSR-PCR markers in European and American bison and cattle. Tsitol Genet. 33: 30-39.

Glémin, S. 2003. How are deleterious mutations purged? Drift versus nonrandommating. Evolution, 57: 2678-2687.

Gong Y, Li X, Liu Z, Li J (2002). Studies of random amplified polymorphic DNA (RAPD) of main indigenous sheep breeds in China. Yi Chuan. 24: 423-426.

Gray JE (1821). On the natural arrangement of vertebrate mammals. London Medical Repository 15(1): 296-310.

Grigaliunaite I, Tapio M, Viinalass H, Grislis Z, Kantanen J, Miceikiene I (2003). Microsatellite variation in the baltic sheep breeds. Vet Zootech 1: 66-73.

Gupta M, Sarin NB (2009). Heavy metal induced DNA changes in aquatic macrophytes: Random amplified polymorphic DNA analysis and identification of sequence characterized amplified region marker. J. Environ. Sci. (China), 21 (5) : 686-90.

Gwakisa P, Kemp S, Teale A (1994). Characterization of zebu cattle breed in Tanzania using Random Amplified Polymorphism DNA marker. Animal Genetics, 25: 89-94.

Hardy GH (1908). Mendelian proportions in a mixed population. Science, 28: 49-50.

Hartl DL, Clark AG (1997). *Principles of Population Genetics.* 3ème édition. Sinauer Associates Inc.

Hatziminaoglou I, Georgoudis A, Zervas N, Boyazoglu J (1996). Prolific Breeds of Greece. Chap 3.3, Prolific Sheep. (M.H. Fahmy, ed.), CAB International, University Press, Cambridge, 542 p.

Hecker JF (1974). Experimental surgery on small ruminants. Butterworths, London.

Hecker JF (1983). The sheep as an experimental animal. Published by Academic Press Inc. (London) Ltd., England. 216 P.

Heun M, Helentjarits T (1993). Inheritance of RAPDs in F hybrids of corn. Theor. Appl. Genet. 85: 961-968.

Hiendleder S, Kaupe B, Wassmuth R, Janke A (2002). Molecular analysis of wild and domestic sheep questions current nomenclature and provides evidence for domestication from two different subspecies. Proceedings of the Royal Society of London B. 269: 893–904.

Hiendleder S, Mainz K, Plante Y, Lewalski H (1998). Analysis of mitochondrial DNA indicates that domestic sheep are derived from two different ancestral maternal sources: no evidence for contributions from urial and argali sheep. The Journal of Heredity, 89(2): 113-120.

Honacki JH, Kinman KE, Koeppl JS (1982). Mammal species of the world. Allen, Lawrence, Kans. pp 326- 343.

Horng Y, Huang M (2000). Male-specific band in random amplified microsatellite polymorphism fingerprints of Holstein cattle. Proc. Natl. Sci. Counc. Repub. China B. 24: 41-46.

Hovmalm HAP, Jeppsson N, Bartish IV, Nybom H (2004). RAPD analysis of diploid and tetraploid population of Aronia points to different reproductive strategies within the genus. Hereditas, 141: 301-312.

Hyman LH (1979). Hyman's Comparative Vertebrate Anatomy. MH Wake, ed. University of Chicago Press. Chicago, 788 P.

Ibrahim M, Ahmad S, Swati ZA, Khan MS (2010). Genetic diversity in Balkhi, Hashtnagri and Michni sheep populations using SSR markers. Afr. J. Biotechnol. 9(45): 7617-7628.

Jawasreh KIZ, Al-Rawashdeh IM, Al-Majali A, Talafha H, Eljarah A, Awawdeh F (2011). Genetic relatedness among Jordanian local Awassi lines Baladi, Sagri,and Blackface and the black Najdi breed using RAPD analysis. Genomics and Quantitative Genetics. 2: 31-36.

Jean Pierre M (1987). A rapid method for the purification of DNA from blood. Nucleic Acids Res.15: 9611.

Jeffreys AJ, Wison V, Thein SL (1985). Hypervariable minisatellite regions in human DNA. Nature, 314: 67-73.

Joshi J, Patel R, Singh K, Soni M, Chauhan K, Rank J, Joshi D, Sambasiva C, Roa K (2007). Genome identity and diversty study in Gir and Kankrej (Bos indicus) cattle breeds using RAPD fingerprints. Biotechnology, 6: 322-327.

Jussiau R, Montméas L, Papet A (2006). Amélioration génétique des animaux d'élevage, bases Scientifiques, Sélection et croisements. Educagri editions, France.

Kallal A (1968). Le mouton Noir de thibar. Toulouse, Impr. Moderne (eds). Collection : thèse n° 32, Ecole Nationale vétérinaire de Toulouse : 63p.

Kantanen J, Olsaker I, Adalsteinsson S, Sandberg K, Eythorsdottir E, Pirhonen K, Holm LE (1999). Temporal changes in genetic variation of North European cattle breeds. Anim. Genet. 30:16-27.

Kaplan JC, Delpech M (2007). Biologie moléculaire et médecine (3ème Ed.), Flammarion Médecines-Sciences, Paris. 184 P.

Kawecki T, Ebert D (2004). Conceptual issues in local adaptation. Ecology letters, 7: 1225-1241.

Kemp S, Teale A (1994). Randomly primed PCR amplification of pooled DNA revealed polymorphism in a ruminant repetitive DNA
sequence which differentiates Bos indicus and Bos Taurus. Animal Genetics, 25: 83-88.

Kevorkian SE, Georgescu SE, Adina M, Manea MZ, Hermenean AO (2010). Genetic diversity using microsatellite markers in four Romanian autochthonous sheep breeds. Romanian Biotechnological Letters, 15: 5060.

Khaldi G (1989). The Barbary sheep. Small ruminants in the Near East, Volume III, FAO, 74 pp 6-135.

Khaldi G, Farid MFA (1981). Encyclopédie des ressources animales dans le monde arabe. Cas de la république tunisienne (en langue arabe). Organisation Arabe de l'Education et de la Culture : 214 p.

Kijas JW, Lenstra JA, Hayes B, Boitard S, Porto Neto LR, Cristobal MS, Servin B, McCulloch R, Whan V, Gietzen K, Paiva S, Barendse W, Ciani E, Raadsma H, McEwan J, Dalrymple B (2012) Genome-Wide Analysis of the World's Sheep Breeds Reveals High Levels of Historic Mixture and Strong Recent Selection. PLoS Biol. 10(2): e1001258. doi:10.1371/journal.pbio.1001258.

Kim KS, Yeo JS, Kim JW (2002). Assessment of Genetic Diversity of Korean Native Pig (Sus scrofa) using AFLP Markers. Genes Genet. Syst. 77(5): 361-368.

Knaepkens G, Bervoets L, Verheyen E, Eens M (2004). Relationship between population size and genetic diversity in endangered populations of the European bullhead (Cottus gobio): implications for conservation. Biological Conservation, 115: 403-410.

Kovach WL (2003). Multi-Variate Statistical Package for Windows. Version 3.1. Publ. Kov. Comp. Serv. Pentraeth, Wales, U.K. 137pp.

Koyuncu M, Yerlikaya H (2007). Effect of selenium-vitamin E injections of ewes on reproduction and growth of their lambs. South African Journal of Animal Science, 37(3): 233-236.

Kreitman M (1983). Nucleotide polymorphism at the alcohol dehydrogenase gene region of Drosophila melanogaster. Nature, 304: 412-417.

Kumar KG, Kumar P, Bhattacharya TK, Bhushan B, Patel AK, Choudhary V, Sharma A (2003). Genetic relationship among four Indian breeds of sheep using RAPD-PCR. J. Appl. Anim. Res. 24: 177-183.

Kusza S, Gyarmathy E, Dubravska J, Nagy I, Javor A, Kukovics S (2009). Study of genetic differences among Slovak Tsigai populations using microsatellite markers. Czech Journal of Animal Science 54(10): 468-474.

Kusza S, Dimov D, Nagy I, Bosze Z, Javor A, Kukovics S (2010). Microsatellite analysis to estimate genetic relationships among five bulgarian sheep breeds. Genetics and Molecular Biology 33: 51-56.

Lassoued N, Rekik M (2001). Differences in reproductive efficiency between female sheep of the Queue Fine de l'Ouest purebred and their first cross with the D'Man. Anim. Res. 50: 373–381.

Lassoued N, Rekik M, Mahouachi M, Ben Hamouda M (2004). The effect of nutrition prior to and during mating on ovulation rate, reproductive wastage, and lambing rate in three sheep breeds. Small Ruminant Research. 52(1): 117-125.

Leakey LSB (2009). Olduvai Gorge 1951- 1961 Fauna and Background. Cambridge University Press. 240 P.

Leberg PL, Firmin BD (2008). Role of inbreeding depression and purging in captive breeding and restoration programmes. Molecular Ecology, 17: 334-343.

Lenormand T (2002). Gene flow and the limits to natural selection. Trends in Ecology and Evolution, 17: 183-189.

Lewontin RC (1972). The apportionment of human diversity. Evol. Biol. 6: 381-398.

L'Homme Y, Leboeuf A, Cameron J (2008). PrP genotype frequencies of Quebec sheep breeds determined by real-time PCR and molecular beacons. Can. J. Vet. Res. 72: 320-324.

Li L, Zhang J, Zhu J, Gu S, Sun Q, Zhou G, Fu C, Li Q, Chen L, Li D, Liu S, Yang Z (2006). Genetic diversity of nine populations of the black goat (Capra hircus) in Sichuan, PR China. Zoolog. Sci. 23: 229-234.

Ligda Ch, Gabriilidis G, Papadopoulos Th, Georgoudis A (2000). Estimation of genetic parameters for production traits of Chios sheep using a multitrait animal model.Livestock Production Science 66: 217-221.

Lindahl T (1993). Instability and decay of the primary structure of DNA. Nature. 362: 709-715.

Litt M, Luty JM (1989). A hypervariable microsatellite revealed by in vitro amplification of a dinucleotide repeat within the cardiac muscle actin gene. Am. J. Hum. Genet. 44:397–401.

Loftus R, Scherf B (1993). World Watch List for Domestic Animal Diversity. FAO/UNEP, première édition. Rome.

Lu J, Knox MR, Ambrose MJ, Brown JKM, Ellis THN (1996). Comparative analysis of genetic diversity in pea assessed by RFLP and PCR based methods. Theor. Appl. Genet. 93: 1103-1111.

Lynch M (1999). Estimating genetic correlations in natural populations. Genet. Res., Camb. 74: 255- 264.

Lynch M, Walsh B (1998). Genetics and Analysis of Quantitative Traits. Sinauer Associates, Inc. 980 P.

Maddox JF, Davies KP, Crawford AM, Hulme DJ, Vaiman D, Cribiu EP, Freking BA, Beh KJ, Cockett NE, Kang N, Riffkin CD, Drinkwater R, Moore SS, Dodds KG, Lumsden JM, Van Stijn TC, Phua SH, Adelson DL, Burkin HR, Broom JE, Buitkamp J, Cambridge L, Cushwa WT, Gerard E, Galloway SM, Harrison B, Hawken RJ, Hiendleder S, Henry HM, Medrano JF, Paterson KA, Schibler L, Stone RT, Hest BV (2001). An enhanced linkage map of the sheep genome comprising more than 1000 loci. Genome Research, 11(7): 1275-1289.

Mahfouz ER, Othman EO, Soheir MEN, Mohamed AAEB (2008). Genetic variation between some Egyptian sheep breeds using RAPD-PCR. Research J. Cell Mol. Biol. 2: 46-52.

Maijala K, Österberg S (1977). Productivity of pure Finnsheep in Finland and Abroad. Livestock Production Science, 4 (4): 355-377.

Marie-Hélène F (2000). Génétique moléculaire: principes et application aux populations, INRA, 264 p.

114

Mamine F (2010). Effet de la suralimentation et de la durée de traitement sur la synchronisation des chaleurs en contre saison des brebis Ouled Djellal en élevage semi-intensif. Eds: Publibook, France, 100 p.

Mason IL (1967). Sheep breeds of the Mediterranean. Farnham Royal, UK, Commonwealth Agricultural Bureaux.

Mason IL (1984). Evaluation of domesticated animals. Longman Group Ltd, Harlow, Essex, UK.

Mason IL (1996). A World Dictionary of Livestock Breeds, Types and Varieties. $4^{\text{ème}}$ edition, CAB International, Wallingford, 273p.

Maxam AM, Gilbert W (1977). A new method for sequencing DNA. Proc Natl. Acad. Sci. USA. 74(2): 560-564.

McDermott JM, McDonald BA (1993). Gene flow in plant pathosystems. Annu. Rev. Phytopathol. 31:353-373.

McGavin MD (1974). An animal model of human disease: Progressive ovine muscular dystrophy. Comp Pathol Bullet. 6: 3–4.

Mel'nikova M, Grechko V, Mednikov B (1995). Study of polymorphism and divergence of genomic DNA at the species and population levels using DNA of domestic sheep and wild rams as an example. Genetika, 31: 1120-1131.

Ménissier F, Sapa J, Poivey JP (1992). Les qualités maternelles des ruminants allaitants: exemple de facilités de velâge et de l'allaitement. INRA, HS: Eléments de génétique quantitative et application aux populations animales, 135-145.

Messaoud C (2005). Diversité génétique et variabilité de la composition chimique des huiles essentielles chez les populations naturelles de *Myrtus communis* L. (Myrtaceae) en Tunisie. Thèse de doctorat en sciences biologiques, F. S. Bizerte, Tunisie, 140 p.

Messaoud C, Afif M, Boulila A, Rejeb MN, Boussaid M (2007). Genetic variation of Tunisian Myrtus communis L. (Myrtaceae) populations assessed by isozymes and RAPDs. Ann. For. Sci., 64, 845.

Meyer JY (2007). Conservation des forêts naturelles et gestion des aires protégées en Polynésie française. Bois et forêts des tropiques, 291 (1): 25-30.

Mikesell R, Baker M (2010). Animal Science Biology and Technology. Eds: Mikesell R, Baker M, $3^{\text{ème}}$ édition, 360 p.

Miller S, Dykes D, Polesky H (1988). A simple salting out procedure for extracting DNA from human nucleated cells. Nucleic Acids Res. 16: 1215.

Minvielle F (1990). Principes d'amélioration génétique des animaux domestiques. Eds: INRA-Paris. 211 p.

Missohou A, Nguyan TT, Dorchies PH, Gueye A, Sow RS (1998). Note on transferrin, haemoglobin type and packed cell in Senegalese trypanotolerant Djallonke sheep, Ann. NY. Acad. Sci. 849: 209-212.

Mohamed-Brahmi A, Khaldi R, Khaldi G (2010). L'élevage ovin extensif en Tunisie: Disponibilités alimentaires et innovations pour la valorization des resources fourragères locales. Innovation and Sustainable Development in Agriculture and Food, Montpellier: 28-30 Juin.

Morin PA, Saiz R, Monjazeb A (1999). High-throughput single nucleotide polymorphism genotyping by fluorescent 5′ exonuclease assay. BioTechniques, 27: 538–552.

Moutou F (1998). Courte synthèse sur une longue histoire: la domestication. Point Vét. 29: 197-205.

Mueller UG, Wolfenbarger LL (1999). AFLP genotyping and fingerprinting. Trends Ecol. Evol. 14: 389-394.

Mukesh M, Sodhi M, Bhatia S (2006). Microsatellite-based diversity analysis and genetic relationships of three Indian sheep breeds. Journal of Animal Breeding and Genetics, 123: 258-264.

Mullis K, Faloona F (1987). Specific synthesis of DNA in vitro via a polymerase-catalyzed chain reaction. Methods Enzymol. 155: 335-350.

Mullis K, Faloona F, Scharf S, Saiki R, Horn G, Erlich, H (1986). Specific enzymatic amplification of DNA in vitro: the polymerase chain reaction. Cold Spring Harbor Symposium in Quantitative Biology, 51: 263-73.

Nadler CF, Hoffmann RS, Woolf A (1973). G-band patterns as chromosomal markers, and the interpretation of chromosomal evolution in wild sheep (Ovis). Experentia 29: 117-119.

Nadler CF, Lay DM, Hassinger JD (1971). Cytogenetic analyses of wild sheep populations in northern Iran. Cytogenetics 10: 137-152.

Nanekarani S, Amirinia C, Amirmozafari N, Torshizi RV, Gharahdaghi AA (2010). Genetic variation among pelt sheep population using microsatellite markers. African Journal of Biotechnology, 9: 7437-7445.

Ndamunkong KJM (1995). Haemoglobin polymorphism in grassland dwarf sheep and goats of the North West province of Cameroon. Bull. Anim. Health Prod. Afr. 43: 53-56.

Nei M (1972). Genetic distance between populations. Am. Nat. 106: 283-292.

Nei M (1973). Analysis of gene diversity in subdivided populations. P. Natl. Acad. Sci. USA. 70: 3321-3323.

Nei M (1978). Estimation of average heterozygosity and genetic distance from a small number of individuals. Genetics, 89: 583-590.

Nei M (1987). Molecular evolutionary genetics. Columbia University Press, New York.

Nei M, Li WH (1979). Mathematical model for studying genetic variation in terms of restriction endonucleases. Proc. Natl. Acad. Sci. USA, 76 : 5269-5273.

Nguyen TC, Bunch TD (1975). Les groupes sanguins des Ovins II. Facteurs antigéniques supplémentaires dans les systèmes A, B, C et M; estimation des fréquences alléliques aux systèmes A, B, C, M et R dans les races françaises: Berrichon du cher, Ile de France et Texel. Ann. Génét. Sél. Anim. 7(2): 145-157.

Nguyen TC, Ruffet G (1980). Blood groups and evolutionary relationships among domestic Sheep (Ovis aries), domestic Goat (Capra hircus), Aoudad (Ammotragus lervia) and european Mouflon (Ovis musimon). Genet. Sel. Evol. 12(2): 169-180.

Ollivier L (2002). Eléments de génétique quantitative (2ème édition revue et argumentée). Editions INRA- France. 184 P.

Ollivier L, Chevalet C, Foulley JL (2000). INRA Prod. Anim., HS « Génétique moléculaire: principes et application aux populations animales », 247-252.

Opinion 2007 (Case 3010) (2003). International Commission on Zoological Nomenclature. Usage of 17 specific names based on wild species which are predated or contemporary with those based on domestic animals (Lepidoptera, Osteichthyes, Mammalia): conserved. Bulletin of Zoological Nomenclature 60: 81-84.

Owen R (1848). Description of teeth and portions of jaws of two extinct anthracotheroid quadrupeds (Hyopotamus vectianus and H. bovinus) discovered by the Marchioness of Hastings in the Eocene deposits on the N.W. coast of the Isle of Wight. Quarterly Journal of Geological Society of London, 4: 104-141.

Ozbey G, Klilic A, Ertas HB, MUZ A (2004). Random amplified polymorphic DNA (RAPD) analysis of Pasteurella multocida and Manheimia haemolytica strains isolated from cattle, sheep and goats. Vet. Med. Czech, 49(3): 65-69.

Paiva SR, Silvério VC, Egito AA, McManus C, De Faria DA, Mariante AS, Castro SR, Albuquerque MSM, Dergam JA (2005). Pesq. agropec. bras. Brasília, 40(9): 887-893.

Palian B (1966). Principes de selection ovine en troupeaux améliorés. Bulletin de l'écola nationale supérieure d'agriculture de Tunis, 27-51.

Palstra FP, Ruzzante DE (2008). Genetic estimates of contemporary effective population size: what can they tell us about the importance of genetic stochasticity for wild population persistence? Molecular Ecology, 17: 3428-3447.

Pariset L, Cappuccio I, Ajmone Marsan P, Dunner S, Luikart G, Obexer-Ruff G, Peter C, Marletta D, Pilla F, Valentini A (2006). Assessment of population structure by single nucleotide polymorphisms (SNPs) in goat breeds. J. Chromatogr. B. Analyt. Technol. Biomed. Life Sci. 833(1): 117-20.

Pariset L, Savaresse MC, Capuccio I, Valentini A (2003). Use of microsatellites for genetic variation and inbreeding analysis in Sarda sheep flocks of central Italy. J. Anim. Breed. Genet. 120: 425-432.

Parker PG, Snow AA, Schung MD, Booton GC, Fuerst PA (1998). What molecules can tell us about populations: Choosing and using a molecular marker. Ecology, 79: 361-382.

Pereira JC, Lino PG, Leitao A, Joaquim S, Chaves R, Pousao-Ferreira P, Guedes-Pinto H, Santos Neves Dos M (2010). Genetic differences between wild and hatchery populations of *Diplodus sargus* and *D. vulgaris* inferred from RAPD markers: implications for production and restocking programs design. J Appl. Genet. 51(1): 67-72.

Perring TM, Cooper AD, Rodriguez RJ, Farrar CA, Bellows TS Jr (1993). Identification of a white fly species by genomic and behavioral studies. Science (Washington, DC), 259: 74-77.

Pierragostini E, Dario C, Bufano G (1994). Haemoglobin phenotypes and haematological factors in Leccese sheep breeds, Small Rumin. Res. 13: 177-185.

Prugh LR, Ritland CE, Arthur SM, Krebs CJ (2005). Monitoring coyote population dynamics by genotyping faeces. Molecular Ecology. 14: 1585-1596.

Rahim MH, Ismail P, Alias R, Muhammad N, Mat Jais AM (2012). PCR-RFLP analysis of mitochondrial DNA cytochrome b gene among Haruan (Channa striatus) in Malaysia. Gene, 494(1): 1-10.

Rajeb C, Messaoud C, Chograni H, Bejaoui A, Boulila A, Rejeb MN, Boussaid, M (2010). Genetic diversity in Tunisian Crataegus azarolus L. var. aronia L. populations assessed using RAPD markers. Annals of Forest Science, 67: 512.

Rasmusen BA (1958). Blood groups in sheep I. The X-Z system. Genetics. 48: 814-821.

Rasmusen BA (1960). Blood groups in sheep II. The B system. Genetics. 45:1405-1417.

Razungles J (1977). Héritabilité des caractères discrèts, etude bibliographique critique. Ann. Géné. Sélec. Anim. 9(1): 43-61.

Reed DH, Frankham R (2003). Correlation between fitness and genetic diversity. *Conserv. Biol.* 17: 230–237.

Rege JEO, Gibson JP (2003). Animal genetic resources and economic development: issues in relation to economic valuation. *Ecol. Econ.* **45**: 319–330.

Rekik M (1998). Potentialités de production de la filière viande petits ruminants dans les zones pastorales du Centre et Sud de la Tunisie. Dans : Options Méditerranéennes, Série A (Séminaires Méditerranéens), 35: 107-115.

Rekik B, Ben Gara A, Rouissi H, Barka F, Grami A, Khaldi Z (2008). Performances de croissance des agneaux de la race D'man dans les oasis Tunisiennes. Livestock Research for Rural Development. 20(10): 162.

Rekik M, Aloulou R, Ben Hamouda M (2005). Small ruminant breeds of Tunisia. Characterisation of Small Ruminant Breeds in West Asia and North Africa, (2) pp91-140. Iniguez L, North Africa, International Centre for Agricultural Research in the Dry Areas (ICARDA), Aleppo, Syria.

Ridout C, Donini P (1999). Use of AFLP in cereals research. Trends Plant Sci. 4: 76-79.

Rincon G, Angelo M, Gagliardi R, Kelly L, Llambi S, Postiglioni A (2000). Genomic polymorphism in Uruguayan Creole cattle using RAPD and microsatellite markers. Res. Vet. Sci. 69: 171-174.

Ruvinsky A, Rothschild MF (1998). Systematics and evolution of the pig. In: Rothschild, M.F and Ruvinsky, A. (eds). The genetic of the pig, CAB International, Wallingford, UK, pp. 1-16.

Ryder ML (1983). Sheep and man. Duckworth, London.

Ryder ML (1984). Sheep. In: Evolution of domesticated animals (ed. S. L. Mason), pp. 63-85. London and New York: Longman.

Safari E, Fogarty NM, Gilmour AR (2005). A review of genetic parameters for wool, growth, meat and reproduction traits in sheep. Livestock Production Sciences, 53 (4): 377-385.

Saifi HW, Bhushan B, Kumar S, Kumar P, Patra BN, Sharma A (2004). Genetic identity between Bhadawari and Murrah breeds of Indian buffaloes (Bubalus bubalis) using RAPD-PCR. Asian-Aus. J. Anim. Sci. 17: 603-607.

Saini A, Dua A, Mohindra V, Lakra WS (2011). Molecular discrimination of six species of Bagrid catfishes from Indus river system using randomly amplified polymorphic DNA markers. Mol. Biol. Rep. 38(5): 2961-2965.

Sambrook J, Fritsch EF, Maniatis T (1989). Molecular cloning: a laboratory manual. Cold Spring Harbor Laboratory. Cold Spring Harbor, New York.

Sanger F, Air GM, Barrell BG, Brown NL, Coulson AR, Fiddes CA, Hutchison CA, Slocombe PM, Smith M (1977). Nucleotide sequence of bacteriophage phi X174 DNA. Nature, 265 (5596): 687-695.

Schalm OW (1961). Veterinary Hematology. Lea and Febiger, Philadelphia, Pa.

Schibler L, Stone RT, Van Hest B (2001). An enhanced linkage map of the sheep genome comprising more than 1000 loci. Genome Research. 11: 1275–1289.

Scopoli GA (1777). Introductio ad historiam naturalem sistens genera lapidum, plantarum et animalium hactenus detecta, caracteribus essentialibus donata, in tribus divisa, surinde ad leges naturae. Prague, Gerle W 506 p.

Sellier P (1992). La gestion des populations: la diversité des plans d'amélioration génétique. INRA Prod. Anim. HS : Génétique Quantitative, 229-235.

Semagn K, Bjornstad A, Ndjiondjop MN (2006). An overview of molecular marker methods for plants. African journal of biotechnology, 5(25): 2540-2568.

Serrano GMS, Egito AA, McManus C, Mariante AS (2004). Genetic diversity and population structure of Brazilian native bovine breeds. Pesquisa Agropecuária Brasileira, 39: 543-549.

Shackleton DM, Lovari S (1997). Classification adopted for the Caprinae survey. Shackleton DM (eds), Wild sheep and goats and their relatives. Status survey and conservation action plan for Caprinae. IUCN/SSC Caprinae Specialist Group, Gland, Switzerland and Cambridge, UK, 390 pages.

Shelton M (1971). Some factors affecting efficiency of lamb production. Texas Agric. Exp. Sta. Tech. Rep.. 26.

Simm G (1998). Genetic Improvement of Cattle and Sheep. Farming Press, Ipswich, 433 pages.

Slate J, David P, Dodds KG (2004). Understanding the relationship between the inbreeding coefficient and multilocus heterozygosity: theoretical expectations and empirical data. Heredity, 93: 255–265.

Spritze A, Egito AA, Mariante AS, McManus C (2003). Genetic characterization of Criollo Lageano cattle using RAPD markers. Pesquisa Agropecuária Brasileira, 38: 1157-1164.

Stephen J, Kifaro G, Wollny C, Gwakisa P (2000). Molecular genetic variation among five local sheep ecotypes in Tanzania. Society for Animal production, 27: 69-78.

Sultana R, Tahira F, Tayyab H, Khurram B, Shiekh R (2005). RAPD characterization of somaclonal variation in *Indica basmati* rice. Pak. J. Bot., 37(2) : 249-262.

Sun W, Musa HH, Chang H, Tsunoda K (2009). Comparison of genetic detection efficiency of different markers under the same genetic background. Afr. J. Biotechnol. 8 (11): 2437-2442.

Tan P, Allen JG, Wilton SD, Akkari PA, Huxtable CR, Laing NG (1997). A splice-site mutation causing ovine McArdle's disease. Neuromuscular Disorders. 7: 336–342.

Tapio M, Grigaliunaite I (2002). Is there a role for mitochondrial inheritance in sheep breeding? Veterinarija ir Zootechnika, 18: 108-111.

Tariq MM, Bajwa MA, Jawasreh K, Awan MA, Abbas F, Waheed A, Rafeeq M, Wadood A, Khan KU, Rashid N, Atique MA, Bukhari FA (2012). Characterization of four indigenous sheep breeds of Balochistan, Pakistan by random amplified polymorphic DNAs. Afr. J. Bitechnol. 11(10): 2581-2586.

Trewin D (2003). 2003 Year Book Australia, Number 85. Australian Bureau of Statictics (eds).

Valdez R (1982). The wild sheep of the world. Mesilla, NM: Wild Sheep and Goat International.

Valdez R, Nadler CF., Bunch TD (1978). Evolution of wild sheep in Iran. Evolution, 32: 56-72.

Verrier E, Rognon X (2000). Utilisation des marqueurs pour la gestion de la variabilité génétique des populations. Génétique moléculaire : principes et application aux populations animales. INRA Prod. Anim., HS, 253-257.

Verrier E, Rognon X, Laloë D, De Rochambeau H (2005). Les outils et méthodes de la génétique pour la caractérisation, le suivi et la gestion de la variabilité génétique des populations animales. Ethnozootechnie, 76: 67-82.

Waits LP, Paetkau D (2005). Noninvasive genetic sampling tools for wildlife biologists: a review of applications and recommendations for accurate data collection. Journal of wildlife Management. 69: 1419-1433.

Weir BS, Cockerham CC (1984). Estimating F-statistics for the analysis of population structure. Evolution, 38: 1358-1370.

Welsh J, Mcclennand M (1990). Fingerprinting genomes using PCR with arbitrary primers. Nucleic acids res. 18: 7213-7218.

Whittaker R (1969). New concepts of kingdoms or organisms: Evolutionary relations are better represented by new classifications than by the traditional two kingdoms. Science. 163: 150-160.

Wickert E, Machado MA, Lemos EG (2007). Evaluation of the genetic diversity of Xylella fastidiosa strains from citrus and coffee hosts by single-nucleotide polymorphism markers. Phytopathology, 97(12): 1543- 1549.

Williams JGK, Hanafey MK, Rafalski JA, Tingey SV (1993). Genetic analysis using random amplified polymorphic DNA markers. Methods in Enzymology. 218: 704-741.

Williams JGK, Kubelik AR, Livak KJ, Rafalski JA, Tingey SV (1990). DNA polymorphisms amplified by arbitrary primers are useful as genetic markers. Nucleic Acids Res. 18: 6531-6535.

Wilson DE, Reeder DM (1993). Mammal Species of the World. Smithsonian Institution Press, 1206 P.

Wolff K, Schoen ED, Peters-Van Rijn J (1993). Optimizing the generation of random amplified polymorphic DNAs in chrysanthemum. Theor. Appl. Genet. 86:1033-1037.

Woolliams J, Toro M (2007). What is genetic diversity. Utilization and conservation of farm animal genetic resources. Oldenbroek, K., Eds, Wageningen Academic, 55-73.

Weinberg W (1908). Über den Nachweis der Vererbung beim Menschen. Jahreshefte des Vereins für Vaterländische Naturkunde in württemberg, Stuttgart, 64: 368-382.

Wright CD, Havill AM, Middleton SC, Kashem MA, Lee PA, Dripps DJ, O'Riordan TG, Bevilacqua MP, Abraham W.M (1999). Secretory leukocyte protease inhibitor prevents allergen-induced pulmonary responses in animal models of asthma. J. Pharmacol. Exp. Therapeut. 289:1007–1014.

Wright LI, Tregenza T, Hosken DJ (2008). Inbreeding, inbreeding depression and extinction. Conservation Genetics, 9: 833-843.

Wright S (1931). Evolution in Mendelian populations. Genetics, 16: 97-159.

Wright S (1943). Isolation by distance. *Genetics, 28*: 114-138.

Wright S (1951). The genetical structure of populations. Annals of Eugenics, 15: 322-354.

Yang J, Wang J, Kijas J, Liu B, Han H, Yu M, Yang H, Zhao S, Li K (2003). Genetic diversity present within the near-complete mtDNA genome of 17 breeds of indigenous Chinese pigs. J. hered. 94: 381-385.

Yeh FC, Boyle TJB (1997). Population genetic analysis of co-dominant and dominant markers and quantitative traits. Belg. J. Bot. 129: 157.

Yu J, Hu S, Wang J, Wong GKS, Li S, Liu B (2002). A draft sequence of the rice genome (Oryza sativa L. ssp. indica). Science, 296: 79–92.

Yu K, Pauls KP (1992). Optimization of the PCR program for RAPD analysis. Nuc Acids Res. 20: 2606.

Zeuner FE (1963). A history of domesticated animals. London: Hutchinson.

Zubets M, Burkat V, Sivolap I, Kuznetsov V, Lovenchuk I (2001). Molecular and genetic polymorphism in three cattle breeds. Tsitol Genet. 35: 3-11.

ANNEXE

Préparation des solutions stocks

- **EDTA (**acide éthylène diamine tétraacétique); 0,5M; pH8 (PM = 372,24 g/mol)

- EDTA: 186,1 g

-H_2O: 600 ml

-Faire dessoudre l'EDTA à l'aide d'un agitateur magnétique.

-Ajuster à pH8 avec NaOH 10 N.

-H_2O: QSP 1 litre

- **Bleu de migration 10X**

-Bleu de bromophénol : 0,625 g (0,25%)

-Xylène cyanol : 0,625 g (0,25%)

-Ficoll: 6,25 g (25%)

-H_2O : 25 ml

-Incuber à 65°C, agiter occasionnellement pour dissoudre.

- **B.E.T. (bromure d'éthidium)**

-B.E.T.: 30 mg

-H_2O: 3 ml

- **TBE 10X**

-Tris: 108g

-Acide borique: 55g

-EDTA : 40 ml (0,5M, pH8)

-Eau distillée: QSP 1 litre

-Autoclaver.

www.ingramcontent.com/pod-product-compliance
Lightning Source LLC
Chambersburg PA
CBHW021110210326
41598CB00017B/1393